# 物理世界奇遇记

## The New World of Mr Tompkins

［美］乔治·伽莫夫　著

郭天鹏　译

中国科学技术出版社

·北 京·

图书在版编目（CIP）数据

物理世界奇遇记 /（美）乔治·伽莫夫著；郭天鹏
译 . -- 北京：中国科学技术出版社，2023.1（2024.2 重印）
　ISBN 978-7-5046-9784-4

　Ⅰ.①物… Ⅱ.①乔… ②郭… Ⅲ.①物理学 – 普及
读物 Ⅳ.① O4-49

中国版本图书馆 CIP 数据核字（2022）第 183339 号

| | |
|---|---|
| 总 策 划 | 秦德继 |
| 策 　划 | 林镇南　李振亮 |
| 责任编辑 | 剧艳婕 |
| 封面设计 | 锋尚设计 |
| 正文设计 | 中文天地 |
| 责任校对 | 焦　宁 |
| 责任印制 | 马宇晨 |

| | |
|---|---|
| 出　　版 | 中国科学技术出版社 |
| 发　　行 | 中国科学技术出版社有限公司发行部 |
| 地　　址 | 北京市海淀区中关村南大街16号 |
| 邮　　编 | 100081 |
| 发行电话 | 010-62173865 |
| 传　　真 | 010-62173081 |
| 网　　址 | http : //www.cspbooks.com.cn |

| | |
|---|---|
| 开　　本 | 880mm×1230mm　1/32 |
| 字　　数 | 178千字 |
| 印　　张 | 8.5 |
| 版　　次 | 2023年1月第1版 |
| 印　　次 | 2024年2月第4次印刷 |
| 印　　刷 | 河北鑫兆源印刷有限公司 |
| 书　　号 | ISBN 978-7-5046-9784-4 / O·215 |
| 定　　价 | 68.00元 |

# 译者序

如梦一样漫长，如梦一样短暂，如梦一样幸福。居然真的翻译完了乔治·伽莫夫的《物理世界奇遇记》。伽莫夫是我学术上的偶像之一，书中奇遇正是留学时学习的内容，我感到很兴奋，甚至有一种莫名的不真实感。

曾经我的物理学得并不算好，回想开窍的一刻，应该是听到一个词——"见物讲理"。按我朴素的理解，这种"理"应该是大多数人都能够听得懂的道理。

尽管已经过去了一百多年，站在理论物理前沿的依然是爱因斯坦、玻尔、薛定谔等如雷贯耳的前辈，相对论、弯曲空间、量子力学、宇宙学、粒子物理……依然前沿到给人感觉可能很复杂、可能看不懂。

从应用物理专业的视角，其实完全可以自信点儿，把"可能很复杂"的"可能"去掉；所以更要感谢乔治·伽莫夫，用最朴素的梦去掉了"可能看不懂"，让现代物理"飞入寻常百姓家"，飞入汤普金斯先生和莫德的梦里：在梦里飞看相对论，在梦量子游猎，在梦里量造两个自己喜欢的原子甚至是原子核。

这可不是什么忽悠，在校对译稿的过程中，我一字一句地把

《物理世界奇遇记》读给了 6 岁的女儿。她问我，"爸爸，是不是我们跑得快了就会变瘦？""爸爸，可不可以让那个小妖（麦克斯韦妖）来帮我们收拾屋子？"……

因为，在梦里，最能顿悟日有所思！

同样，在梦里，最能追忆曾经拥有！

翻译于我而言，也是追忆在巴黎留学的日子。一开始我们 10 个同学，后来毕业了 8 个，所幸我没落下，顺利完成学业；接着西蒙、菲利普、查理、玛丽、爱娃、蕾蒂西亚、贝阿特利斯都继续读了博士，我执拗地开启职业生涯，谈不上后悔，但不舍总归还是有的，十多年忆同学少年，数十次梦里曾相见。

在梦里有关于量子理论的争辩，在梦里柯内夫（Kornev）教授会操着浓重的口音"爬地考（particle）、爬地考"，在梦里我们总相聚在美妙的甜甜圈里……那是曾经去过的两个环形粒子加速器，一个在汉堡、一个在日内瓦，种种过往，全是第 15 章"原子粉碎机"的魅影。

我还有幸去过法国国家原子能委员会（CEA）的"加速器"，那里用的就是"固定靶"——一个小小的玻片里嵌着需要研究的材料，常常感慨回忆那时的对答。

"粒子加速后做什么？"

"轰击靶材料。"

"轰击靶材料做什么？"

"了解材料结构。"

"知道结构做什么？"

"不知道，现在可能没什么用，但总有一天也许有用。"

如果说在留学中有什么印象深刻的，应该都与粒子物理有关，汉堡、日内瓦是游学的回忆，这次短短的对话则是认知的冲击，关于基础科学的认知冲击。

突然觉得重新翻译《物理世界奇遇记》有了一种别样的意义，尽绵薄之力传递探索世界奥秘的好奇心，与诸君一起筑梦基础科学的明天。

所以翻译中偶尔会顽皮一些，比如夹杂上娃娃的画、比如用一些歇后语、比如把宇宙歌剧诌成五言诗，都是希望大家——包括大小朋友们——不要害怕传说中如"洪水猛兽"的相对论、量子力学和粒子物理……

在乔治·伽莫夫笔下，理论物理非但通俗易懂，而且很有意思。愿我们一起：

走进汤普金斯先生的梦里！

走进追忆学生年华的梦里！

走进基础科学复兴的梦里！

郭天鹏

2022 年 10 月 1 日 于上海

# 自序

1938 年冬天，我写了一篇简短的科学小故事，与科幻小说不同的是，小故事是让科学家圈子以外的世界去了解科学，比如空间弯曲、比如宇宙膨胀理论。这就需要解释平时看不见的相对论现象。因此，在故事里我虚构了一位对现代科学感兴趣的银行职员，叫汤普金斯（C.G.H.）先生 [1]，通过他帮助大家理解相对论现象。

稿子寄给了《哈珀》杂志，像所有新手一样，我被退稿了！一次，两次……七次！我不得不把手稿塞进了抽屉，然后忘掉这回事儿。

时间来到 1939 年的夏天，我受邀参加国际联盟在华沙举办的国际理论物理会议，一同参会的还有好朋友查尔斯·达尔文（Charles Darwin）爵士，他的爷爷也叫查尔斯·达尔文，就是大名鼎鼎的《物种起源》的作者。我们俩一边品着上等的波兰葡萄酒一边闲聊，话题就这样转到了科普上，我和查尔斯吐槽了自己被退稿的悲惨遭遇，可他倒是来了兴致："伽莫夫，回国后把你的

---

[1] 原注：汤普金斯先生名字的首字母来源于三个基本物理常数：光速 $c$、引力常数 $G$ 和普朗克常数 $h$，第一个很大、后两个很小，需要一些夸张的手段，让普通人也能感受到这些数字的影响。

手稿找出来，寄给剑桥大学出版社《发现》杂志的编辑 C.P. 斯诺博士。"

我照做了，一周后，斯诺发来一封电报——"您的文章将于下期发表，请更新续集！"就这样，汤普金斯先生陆续科普了相对论、科普了量子物理……

此后不久，剑桥大学出版社建议再加一些新的内容，与系列小故事一起出版，于是就有了重印 16 次的 1940 年版《汤普金斯先生身历奇境》和重印 9 次的续集 1944 年版《汤普金斯先生探索原子》。这两本书还被翻译成多种语言，包括除俄语外的几乎所有欧洲语言和汉语、印度语。

最近，剑桥大学出版社决定把两卷书合成一个平装版，让我增加一些故事讲述物理学和相关领域的最新进展，于是又有了核裂变、核聚变、稳态宇宙和基本粒子。

最后说两句插图的故事，《发现》杂志上的原创和第一卷的插图由约翰·胡卡姆（John Hookham）先生创作，由于到续集时先生已经退休了，所以我决定遵循胡卡姆风格自己来创作，新增卷亦是如此，诗句、歌曲的创作则要感谢我的妻子芭芭拉。

# 目录

▸▸ CONTENTS

# 1
# 限速之城

---

　　汤普金斯先生是一家大银行的小职员，今天是公休日，他睡到很晚才起床，然后开始闲适地享用自己的早餐。"嗯，得好好安排下这个难得的假期。"他首先想到的是去看场午后电影。当他打开晨报，翻到娱乐专栏——色情、暴力……这些他已经看腻了。没有真正的冒险、没有什么不同寻常、没有让人激动的影片。汤普金斯先生努力搜寻着，终究一无所获，总不能看剩下的少儿电影吧？

　　无意间，他的目光落在小报一角的一则短消息上。市大学正在举办一系列现代物理讲座，今天下午的题目是爱因斯坦的相对论。得！这个听起来还不错，听人说，世界上真正懂得爱因斯坦理论的人只有一打，说不定自己凑巧可能就是第 13 个。汤普金斯先生决定去听听这个讲座，或许那正是自己想要的。

　　他到的时候，演讲已经开始了，年轻的学生已经坐满了学校大礼堂，当然也不乏大约跟自己一样年纪较大的听众。讲台上，黑板旁边站着一个高高的白胡子教授，他正在努力地为所有人讲解着相对论的基本概念。

慢慢地，汤普金斯先生已然听明白了爱因斯坦理论的全部要点——任何运动的物体都无法超越光速。这一事实会产生一些非常奇怪、不同寻常的后果。比如，当运动速度接近于光速时，空间会被压缩，而时间则会变慢。当然，教授也说了，光速高达30万千米每秒，所以在日常生活中我们很难观察到相对论效应。

然而在汤普金斯先生看来，这一切都与常识相悖。他绞尽脑汁想象着"动尺缩短、动钟变慢"的场景，脑袋却无意识间慢慢垂到了胸前。

重新睁开眼睛时，汤普金斯先生发现自己已经不在礼堂的长椅上了，而是坐到了当街的长椅上——市政府为了方便乘客等候公共汽车设置了很多这样的长椅——这是一座美丽的古城，中世纪学院派的建筑沿街而立。汤普金斯先生感觉自己一定是在做梦，但好像并没有什么不对劲，对面钟楼上的时钟正好指向5点。

街上空空如也，只有一辆孤零零的自行车缓缓驶来。但当那人靠近时，汤普金斯先生简直惊掉了下巴。自行车、还有车上的年轻人在运动方向上都难以置信地被压扁了，仿佛汤普金斯先生与他们中间隔了一层柱形透镜。"当、当、当、当、当"，钟楼上的时钟敲了5下，骑自行车的年轻人显然有点着急了，他更加使劲地蹬着踏板。然而，在汤普金斯先生看来，速度并没有快多少，反倒是车和人变得更扁了，年轻人像是硬纸板剪成的薄片人儿一样向前驶去。汤普金斯先生猛然反应到，这就是运动物体的缩短，正如刚才听到的一样。这一瞬间，他自我感觉好极了，"这里的限速明显是比较低的"，他继续下结论说，"我看不会超过 32 千米每小时，高速摄像机在这里显然没有用武之地。"事实上，"疾驰"的救护车并没有比这辆自行车好多少，尽管它灯光闪烁、警笛嘶鸣，却显然与慢速爬行无异。

汤普金斯先生决定追上去，问问那个骑车的年轻人被压扁是什么感觉。那么问题来了，怎样才能追上他呢？啊哈！学院的外墙边正好有辆自行车——估计是哪个听讲座的学生停在这里的，"我只是借用一小会儿，又不会弄丢了！"——汤普金斯先生这样想着，瞅准旁边没人，便偷偷骑了上去，朝着前面的自行车疾驰而去（见图 1）。

汤普金斯先生满心期待"运动"马上就会让自己"瘦"下来，他为此感到很是高兴，因为不断发福的体形已经困扰他有一阵子了。然而出人意料的是，这一切并未如期而至——车还是那个车、自己还是那个自己。反倒是街道变短了，商店的橱窗变成了一条条狭缝，人行道上的行人则变成了一个个细高个。

"啊哈！"汤普金斯先生兴奋地感慨，"我明白了，这就是'相对论'——相对于我运动的物体，我算是缩短了，不管蹬自行车的是我自己还是别的什么人！"

汤普金斯先生骑车一向很出色，他使出浑身解数向前面的年轻人奔去。这时他才发现，骑在这辆自行车上加速一点儿都不容易。尽管他已经用尽全力去蹬踏板，但自行车的速度几乎没怎么增加。他的双腿已经开始有点酸痛，但驶过路旁两根电灯杆间隔的时间并不比原先快多少，一切加速的努力似乎都是徒劳的。

图 1 在相对论之城里，汤普金斯先生骑车看着周围

他有点明白了为什么刚才那辆救护车跑得并不比自行车快多少的原因了，教授说过，任何物体运动速度都不能超过光速。不过他也注意到了，自己蹬得越使劲儿，城市街道就会变得越短，前面的年轻人看起来也更近了——事实上，汤普金斯先生最终还是追上了他。并排之后他才发现，两个人的自行车看起来并没有压扁，一切如常。

"哦，这一定是因为我同他之间没有相对运动了。"汤普金斯先生恍然大悟。

"打扰了！"他同那个年轻人攀谈起来，"生活在这样一个限速极低的城市，你有没有觉得不方便？"

"限速？"这下年轻人有点摸不着头脑了，"我们这里没有限速啊！不管在什么地方，我想骑多快就骑多快；至少，如果我有辆摩托车而不是这辆老旧的自行车，我完全可以想骑多快就骑多快。"

"但是，刚才你从我面前骑过去的时候的确很慢啊？"

"我可不会称之为慢，从咱们开始说话到现在，我们已经骑过了 5 个路口，在您看来这还不够快吗？"

"是的，不过那只是因为路口和街道变短了，不是吗？"

"这又有什么不同呢？你可以说我们骑得快了，也可以说街道变短了，结果是一样的。为了到达邮局，我需要通过 10 个路口，如果蹬得快一点，街道就会变得短一点，而就可以到的早一点。事实上，我们已经到了。"说着，年轻人停下车，从自行车上跨步而下。

汤普金斯先生也停了下来，他看了看邮局的时钟，现在是 5

点 30 分。"啊哈，"他有些得意地说，"你看我说什么来着，你的确不怎么快。这 10 个路口，你可整整骑了半个小时。我第一次注意到你的时候，学院的时钟刚好是 5 点整！"

"你认真注意这半个小时了吗？真的像半个小时吗？"

汤普金斯先生不得不承认，好像刚刚只是几分钟的事。不仅如此，自己的手表的确刚刚是 5 点零 5 分。"哦！或许邮局的时钟走快了吧？"

"你可以说是邮局的时钟快了，或者也可以说是自己的手表慢了。毕竟它们是彼此相对运动的，不是吗？"年轻人略带愠色地看着汤普金斯先生。"话说你到底怎么回事？好像外星人一样？"年轻人说着径直走进了邮局。

汤普金斯先生突然有点想教授了，要是他在自己身旁，准能解释这一切奇怪的事儿。那个年轻人很显然是个土生土长的本地人，很可能还没学会走路时就已经对这些习以为常了。唉！现在想弄明白这些只能靠自己了，他按照邮局时钟重新调整了手表，为了确保没有毛病还特地等了 10 分钟。10 分钟后，手表与邮局时钟完全相同，看起来一切又正常了。

汤普金斯先生沿着大街继续骑到火车站，他决定用火车站的时钟再对一次表——呃！肉眼可见的是，手表又慢了。

"天哪！肯定又是相对论在作怪。只要我在动，相对论先生就开动了，这也太不方便了，我总不能到哪儿都调表吧！"

正在这时，一个看起来 40 多岁的绅士从车站走了出来。他环顾四周，认出了一位等候在路边的老妇人，便走过去和她打招呼。但让汤普金斯先生惊呆的是，老妇人竟然喊那位绅士"亲爱的爷爷"。这也太匪夷所思了，他看起来这么年轻，怎么可能是她的爷爷呢？

强烈的好奇心驱使汤普金斯先生走到两人面前，他小心翼翼地问道："打扰一下。我没听错吧？您真的是这位夫人的爷爷吗？我很是抱歉，但我真的……"

"哦，我知道你想说什么，我试着给你解解惑：那是因为工作的原因我需要常常出差。"

看汤普金斯先生还是云里雾里的样子，绅士接着解释道："我一生的大部分时间是在火车上度过的，相比于住在这座城市的亲属来说，我自然老得慢很多。每次回来见到我亲爱的小孙女，我都感到很高兴。但我必须得说句抱歉，我们要走了……"绅士匆匆叫了一辆出租车与老妇人扬长而去，全然不管汤普金斯先生还有很多想问的问题。

汤普金斯先生从火车站的食堂里买了两块三明治，回升的血糖填补了他缺氧的脑袋，"这是自然的"，他一面啜着咖啡一面冥想着，"运动让时间变慢，所以那位绅士的年岁增长得要慢一些。但教授也说了啊，一切运动都是相对的，那么既然他的亲属看他年轻了，他看他的亲属也应该更年轻。嗯，一定是这样！"

他突然停住了，紧接着放下了咖啡，自言自语道，"等等，好像哪里不太对劲。看起来他的孙女明显要大不少，至少一点不比他年轻。那灰白的头发可不懂什么相对论，那么，这意味着什么呢？难道并不是一切运动都是相对的吗？"

这种烧脑的感觉让他决定再作最后一次尝试，食堂里除了汤普金斯先生只有一个顾客，显然只能求助于他了，那人也是独自一人，穿着铁路制服，正埋头享受着自助餐。

"不好意思打扰了！我想问您一下，与待在这里的人比起来，火车上的旅客简直可以说是青春常驻了，您能否费心帮我解释一下这是怎么回事儿？"

"是我干的。"那个人倒是很干脆。

"啊！您是怎么……"

"因为我是一名火车司机。"那人觉得这样回答足够解释这一切。

"火车司机？老实说，从我还是个孩子时，我也一直梦想当个火车司机。但……这个和让人青春永驻又有什么关系呢？"他的表情越发迷惘了。

"这个我也说不准，但事情就是这样。我也是从大学一个老头那里听说的。他当时就坐在那儿。"司机指了指靠在门边的一张桌子，接着说，"你知道的，估计也是无聊地打发时间，他和我介绍他的工作。不过那些内容明显超出了我的理解范畴，我一个字儿也听不懂，只记得一小点。他说这都是由于火车的加速和减速造成的。不仅速度会影响时间，加速度也会影响时间。每次火车进站和出站时，我都要推上或者拉开制动阀使得火车减速或加速，这就是影响乘客时间的关键。车下面的人可感觉不到这种变化，你会发现，火车进站时那些月台上的人并不需要紧紧抓住栏杆，也不会像火车上的乘客那样踉跄到快要跌倒。估计差别就在这里吧……"

　　突然，一只手重重地摇了摇汤普金斯先生的肩膀，他这才发现自己并不是在什么车站的餐厅里，而是仍然坐在礼堂的长椅上——那正是他听教授讲课的长椅。不过，天色已经晚了，礼堂里空无一人。显然是看门人把他叫醒的："对不起，先生，我们就要关门了，如果您还想接着睡觉最好还是回家去吧！"汤普金斯先生不好意思地站起来向出口走去。

# 2
# 第一讲：相对论

女士们，先生们：

早在原始社会，人们就已经形成了最早的空间和时间概念，并把这种概念作为理解整个世界事物的框架。这些概念代代相传，但客观地说，并没有什么本质的变化。倒是随着精密科学的发展，时间和空间开始成为描述宇宙的数学基础。牛顿也许是第一个对经典时空概念给出明确表述的人，他在《自然哲学的数学原理》中这样写道：

"绝对空间，就其本质来说，与任何外界事物无关，绝对空间本身是不变的。""绝对时间，即绝对的、真实的数学时间，就其本质来说，是连续均匀流逝的，绝对时间与任何外界事物无关。"

过去，所有人对这些经典时空概念都笃信无疑，哲学家们将其称为先验常识，甚至从没有一个科学家考虑过怀疑这些概念。

然而，到了20世纪初，实验物理已经得到了长足发展，科学家们用最精密的实验物理方法得到了很多不可思议的结果，如果继续套用经典时空框架，就会出现一些无法调和的矛盾。这些事实让当时最伟大的物理学家之一——阿尔伯特·爱因斯坦产生了革命性的想法：也许常识本身就是错的。除了因循蹈矩地继承传统，没有任何理由认为经典的时空概念就一定是绝对正确的，随着推陈出新、日益精细的实验发展，常识本身也可以并且应当被改变。事实上，因为空间和时间的经典概念是建立在人类日常生活经验的基础上，所以我们一直习以为常，但是基于目前高度发达的实验技术，旧的时空概念也许过于粗糙而且谬误迭生。这些概念在我们的日常生活中乃至物理学发展的早期阶段都起到了至关重要的作用，那是因为它们与真实时空之间差别很小，小到无法区分。但是现代科学不断走入未知的领域，在这些领域旧的时空观与真实时空之间的差距变得非常巨大，以至经典的概念根本无法使用，这一点不足为奇。

首当其冲的就是光速，这项最重要的实验结果告诉我们，真空中的光速是一个常数（30万千米每秒），而且光速是所有可能的物理速度的上限，这就不得不令我们对经典的时空观产生怀疑。

这一出人意料的结论是无可辩驳的，美国物理学家迈克尔逊（Michelson）和莫雷（Morley）的实验就是最好的证据。19世纪末，科学家们试图了解地球运动对光速的影响，当时盛行的观点是，光是在一种叫作以太的介质中运动的波，人们认为光在以太中的传播就像水波在池塘表面移动一样。同时，地球像船一样在水面上移动通过这个以太介质。那么，在乘客看来，如果由船引起的波纹离开船的速度要比离开水的速度慢，就要用水波的速度减去船的速度，相反就需要把它们相加，这也就是速度相加定理，一个被看作是不证自明的定理。同样的，当时人们还认为，相对于地球在以太中的运动，光速会因其方向的不同而有所不同，那么通过测量不同方向的光速，我们就可以确定地球相对于以太运动的速度。

但是，实验却显示这种效应根本不存在，光速在所有方向上都是完全相同的，这一结果不仅让迈克尔逊和莫雷大感不解，同样也震动了整个科学界。刚开始科学家们猜想：也许只是由于一个不幸的巧合，那就是在实验时，地球在绕太阳运行的轨道上恰好相对于以太是静止的。为了验证这个猜想，六个月后，也就是当地球在太阳的另一侧朝着相反的方向运行时，迈克尔逊和莫雷又进行了一次实验，但结果依然没有什么变化——光速在所有方向上完全相同。

既然光速与波的速度不同，那么就只剩下一种解释，光速更像一个粒子的运动①。假设我们在船上用枪发射一颗子弹，从乘客的角度看，不管是朝哪个方向射出，子弹离开船的速度都是相同的——这也正是迈克尔逊和莫雷发现的，不管朝哪个方向发射出的光，它们离开地球的速度都是相同的。那么理论上讲，站在

---

① 历史上关于光现象本质存在两种对立的学说。微粒说以牛顿为代表；波动说以惠更斯为代表。微粒说能够较好地解释光的直线传播、反射和折射现象，曾经一度在 18 世纪占据统治地位。不过，19 世纪初，托马斯·杨双缝实验很好地解释了光的干涉和衍射现象，菲涅耳等研究了光的偏振和偏振光的干涉现象，波动说大获全胜，此处"既然光速与波的速度不同，那么就只剩下一种解释，光速更像一个粒子的运动"正是在此背景下开始的进一步研究。　——译者注

岸上的人会发现，朝船前进的方向发射的子弹比朝相反方向发射的子弹要快，因为在第一种情况下，船的速度会被加到子弹的初速度上，而在第二种情况下，它会被减去。对！还是速度相加定理。因此，我们认为，相对于我们运动的光源发出的光，速度必定会因运动方向的不同而不同。

然而，实验表明事实并非如此。以不带电的 π 介子为例，这是一种非常小的亚原子粒子，π 介子衰变时会发射出两个光脉冲，科学家们发现，不管这两个光脉冲的发射方向同原来的 π 介子的运动方向有什么关系，光脉冲的速度总是相同的，即使 π 介子本身的运动速度接近光速也不例外。

也就是说，科学家们发现，尽管第一个实验表明光速与传统的波的行为不同，但第二个实验又表明它与传统粒子的行为也不一样。

总之，人们发现真空中的光速是恒定的，与观察者的运动无关（见光之于移动的地球），与光源的运动也无关（见光之于移动的 π 介子）。

我们还提到过：光速是速度的极限。

"啊哈，"你可能会说，"难道不能通过叠加几个更小的速度来构建一个超光速吗？"

例如，想象有一列速度非常快的火车，速度是光速的四分之三，然后再多想一步，有个人也正在以四分之三光速在车厢顶上奔跑。根据速度相加定理，总速度应该是 1.5 倍光速。也就是说，这个人比信号灯发出的光跑得还要快，但是我们知道光速是恒定的，这一点已经经过实验验证了，所以在正常情况下得到的速度一定比我们预期的要小，所有这些只有一种解释，经典的速度相加定理肯定是错误的。

那应该是什么样呢？这里跳过复杂的数学推理过程，直接给出一个非常简单的新公式，这个新公式告诉我们，如果 $v_1$ 和 $v_2$ 是两个要相加的速度，$c$ 是光速，则叠加后的速度是：

$$V=\frac{v_1+v_2}{\left(1+\dfrac{v_1v_2}{c^2}\right)} \tag{1}$$

从公式（1）可以看出，如果两个初始速度相对于光速而言都很小，那么分母中的第二项 $v_1v_2/c^2$ 相比于 1 而言当然也很小，小到可以忽略不计，这时式（1）自然变成经典的速度相加定理。反过来，如果两个初始速度比较大，则叠加起来的速度总是比两者算术和要小一些。还是回到上面的例子，那个人在火车顶上奔跑，$v_1=(3/4)c$，$v_2=(3/4)c$，则式（1）告诉我们，$V=(24/25)c$，很显然仍小于光速。

你应该注意到了，在特殊情况下，当其中一个初始速度是 $c$ 时，式（1）得到的最终速度始终为 $c$，与另一个速度无关。因此，不论叠加多少其他速度，我们也永远不能超过光速。事实上，式（1）已经被实验所验证，人们发现两个速度的相加总是略小于它们的算术和。

知道了速度上限的存在，对经典空间和时间的颠覆就不可避免了，首当其冲的就是"同时性意味着什么？"

当你说，"开普敦附近煤矿爆炸的时候，我正在伦敦的公寓里把火腿和鸡蛋端上餐桌。"你肯定以为你知道自己在说什么。然而，我要告诉你，你其实并不知道，或者严格地说，这句话是没有任何确切含意的。

要弄清楚这一点，首先需要考虑有什么方法可以确定两个不同地方发生的两个事件到底是不是同时发生的呢？你可能会说，这个很简单啊，如果两个地方的时钟显示的是同一时间就证明两件事是同时发生的。那么接下来问题又来了，我们怎么知道相距遥远的两个时钟显示的是同一时间呢？——是的，我们又回到了最初的问题。

我们已经知道一个定理——真空中光的速度与光源或测量系统的运动无关，那么下面要介绍的测量距离的方法和在不同的观测点核对时钟的办法就应该是最合理的——多想一会儿，你会发现这是唯一合理的方法。

假定两个观测点 A 和 B，A 点发出一个光信号，B 点接收到光信号就返回 A 点。这样，A 点读取光信号发出和返回的时间，这个时间取一半乘以恒定的光速，就可以知道 A、B 两点之间的距离。

如果光信号到达 B 点的那一刻，B 点的手表刚好指在 A 点发送和接收信号所记录的两次时间的平均值，则我们认为 A、B 两点的手表彼此校准。对于刚体[①]（比如地球表面）不同观测点之间循

---

[①] 刚体指在运动中和受到力的作用后，形状和大小不变。 ——译者注

环使用这种方法，最终得到所需要的参照系。我们觉得现在可以
回答关于在不同地点发生的两件事的同时性或时间间隔的问题。

即使如此，所有观察者得到的测量结果就一定相同吗？比
如，如果他们彼此相对移动又会如何呢？

为了回答这个问题，我们假设相互运动的观察者所用的参
照系建立在两个不同的刚体上，比方说在两个反向匀速运动的长
空间火箭上。现在让我们看看这两个参考系该如何相互校准。假
设每个火箭中有两个观察者，一个在前面，一个在后面。首先每
一对观察者都需要把他们的手表彼此校准，这里他们用的方法只
是上文所述校准方法的一个改进。首先用测量尺确定火箭的中心
位置，然后在中心位置放置一个脉冲光源，让光源发射一束向火
箭两端扩散的光脉冲，观察者在各自位置接收到脉冲时把手表调
零。光以相同的速度走过相同的距离到达火箭的两端，观察者由
此根据前面的定义在各自参考系中建立同时性的标准，并各自以
彼此的视角"对准"手表。

现在他们决定看看各自火箭上的时间读数是否与另一枚火箭
上的时间读数相一致。例如，火箭 1 上的两个观察者的手表在火
箭 2 上显示的时间是相同的吗？这可以通过以下方法来测试：在
每个火箭的中心点，也就是刚才说的安放光源的地方，安装两个
带电导体，这样当火箭经过彼此时，它们的中心正对着对方，在
两根带电导体之间跳过一个电火花，这样一来，光信号便同时从
每一枚火箭的中点向两端传播，如图 2（a）所示。一段时间后，
根据火箭 2 上的观察者 2A 和 2B 看到的情况如图 2（b）所示。

这时火箭 1 已经相对于火箭 2 移动了一段距离，光束则在任意一个方向上移动了相等的距离。但大家可能注意到了，由于观察者 1B 已经向前移动，也就是对根据观察者 2A 和 2B 来说朝着光束射来的方向，所以火箭 1 的后向脉冲已经到达 1B 的位置。那么在 2A 和 2B 眼中，这个光束所需要走过的距离就更短，所以观察者 1B 一定比其他人更早地把表调到零。而在图 2（c）中，光脉冲到达了火箭 2 的末端，这时观察者 2A 和 2B 将他们的手表同时调零。但只有到图 2（d）时，火箭 1 中向前的脉冲才能赶上观察者 1A，也就是从 2A 和 2B 的角度看，这是他的手表调零的时间。换句话说，在火箭 2 的两个观察者看来，火箭 1 的观察者无法彼此校准手表。

同理证明，对于火箭 1 上的观察者来说，自己的火箭是"静止的"，而火箭 2 应该是移动的，很显然，观察者 2B 在向着光脉冲前进而观察者 2A 却是怕光脉冲追上自己。换言之，相对 1A 和 1B 而言，是 2A 和 2B 无法彼此校准手表，而不是他们自己。

产生这种分歧的根本原因是，当事件发生在不同的地点时，两组观察者必须进行计算，然后才能决定各自的事件是否同时发生，他们必须考虑光信号从遥远的地方传播所花费的时间，而且他们都坚持认为相对于他们而言，光速在所有方向上都是一个常数。事实上，只有当事件发生在同一地点时——在不需要计算的地方——才会对发生在同一地点的事件的同时性有普遍的共识。毫无疑问，那两组观察者的结论就只能说从他们各自的角度看来都是正确的，但谁又能"绝对正确"呢？这个问题没有唯一的答

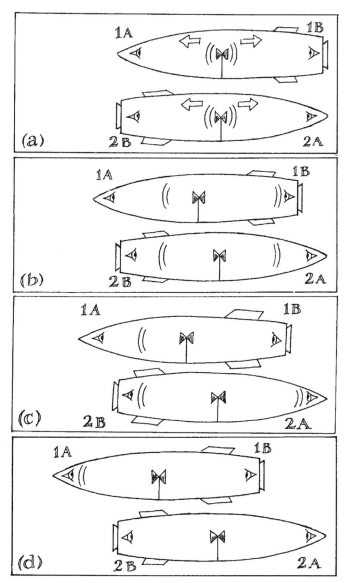

图 2　两枚火箭中的观察者能校准好手表吗?

案，也没有物理意义。

因此，所谓绝对同时性的概念就消失了。在一个参照系上看，两个在不同地方同时发生的事件，从另一个参照系看可能就是相隔一定时间先后发生的。

这种说法乍听起来有点不可思议，那么听好了：如果我说，你在火车上吃晚餐的时候，你的汤和甜点都是在餐车的同一地点享用的，但是在铁轨看来却是两个不同地点，你应该不会反对吧？当然不会，因为这再正常不过了。那么换一种说法，在一个参照系中不同时间发生的同一点上的两件事，在另一个参照系就变成了被一定空间分隔开的两件事。

你当然会同意这个"废话"命题，但仔细比较它与之前的"悖论"，你会发现，只要把"时间"和"空间"这两个词互换，两个说法是完全对称的。

因此，爱因斯坦的观点是：在牛顿经典物理学中，时间被认为是完全独立于空间和运动的东西（连续均匀流逝的，绝对时间与任何外界事物无关）；而在现代物理学中，空间和时间是紧密联系的，时间和空间仅仅代表了一个均匀的"时空连续体"中的两个不同截面，所有可观测到的事件都发生在这个连续体中，我们体验和测量两者的方式截然不同（前者用表、后者用尺子），但是千万不要被这种截然不同的方式所误导。现实中的物理不是由一个三维空间和一个单独的一维时间彼此独立组成的，而是不可分割地融合在一起，形成一个无缝的四维现实——我们称之为时空。

　　根据观察者选择的参照系，我们可以将四维时空的连续体任意分解为三维空间和一维时间。因此，在一个参照系中观察到的两个事件，在空间上相隔 $l_1$、在时间上相隔 $t_1$，而在另外一个参照系中则在空间上相隔 $l_2$、在时间上相隔 $t_2$。这一切都取决于观察者在四维时空中所处的横截面，同时又取决于一个人相对于相关事件的运动状态。

　　在某种意义上，我们甚至可以说空间转化为时间，时间转化为空间，两者可能是"混淆"的。时间到空间的转换对我们来说是一个很常见的概念，比如上面说的火车上的晚餐。但另一方面，空间到时间的转换就不那么好理解了。原因在于，如果我们用"米"来测量距离，那么相应的时间单位就不应该是传统的"秒"，而是一个更合理的时间单位——光走过一米所需的时间，即 0.000000003 秒。如果我们天生对这一时间间隔很敏感，那么"此时此刻"对我们来说显然就没有意义。但在我们的常识范围内，把空间间隔转换成时间间隔会导致观察上的差异，而这些差异实际上是无法观察到的，这就形成了经典的时间观，即似乎时间是绝对独立和不可改变的东西。

　　然而，当研究高速运动时，例如在研究放射性物质所发射出的电子的运动时，电子在一定的时间内所经过的距离同用合理时间单位所表示的时间是同一个数量级，之前我们所讨论过的效应就不能视而不见了。这时，相对论就变得非常重要，即使速度不是那么快的领域——例如太阳系中行星的运动，因为天文测量已经变得日益甚至可以说极端精密，我们也可以观察到相对论效应。不过，这种相对论效应的观测需要每年测量行星运动的变化——几分之一弧秒的变化。

因此，正如我试图向你们解释的那样，细究空间和时间概念我们会发现，空间可以部分地转换为时间，反之亦然。这意味着，当从不同的运动参照系测量时，给定距离或一段时间的数值可能是不同的。

对这个问题做一个简单的数学分析——当然，这不是我们在这几节课上讨论的重点。如果你们感兴趣，我简单说一下，对于任何长度为 $l_0$ 的物体，当这个物体以速度 $v$ 相对于观察者运动时，它的长度会在运动方向上缩短，缩短的量与运动速度有关，在观察者看来，物体的长度 $l$ 将是：

$$l = l_0 \sqrt{\left(1 - \frac{v^2}{c^2}\right)} \qquad (2)$$

式（2）告诉我们，当 $v$ 接近 $c$ 时，$l$ 变得越来越小。这就是著名的"动尺缩短效应"，当然需要强调的是，缩短的是物体在运动方向上的长度，其正交方向长度保持不变。因此，假如我们能看到这种效应，会发现物体在运动方向上变扁了。

类似地，任何时间为 $t_0$ 的过程，从一个速度为 $v$ 的参考系中观察，相对于这个时间 $t_0$，观察到的时间 $t$ 更长：

$$t = \frac{t_0}{\sqrt{\left(1 - \frac{v^2}{c^2}\right)}} \qquad (3)$$

式（3）告诉我们，当 $v$ 增大时， $t$ 也随之增大。事实上，当 $v$ 接近 $c$ 时， $t$ 会变得非常大，甚至整个过程基本停止了。这就是相对论的时间膨胀即"动钟变慢效应"。因此，人们产生了一个大胆的想法，如果让航天员以接近光速的速度飞行，他们的衰老过程将会大大减缓，或者说实际上不会变老——光速航天员永生！

别忘了，动尺缩短和动钟变慢在匀速相对运动的参照系里是绝对对称的。对于高速行驶的火车而言，站台上的人看乘客瘦骨嶙峋、步履蹒跚，他们走得很慢，而乘客看站台上的人同样如此，火车站被压扁了，站里面演绎的完全都是慢动作片。

乍一看好像有点自相矛盾，你没看错。事实上，在物理学中这个问题被称为"双生子佯谬"：假设你有一对双胞胎姐妹，其中一个外出旅行，另一个留在家里。上面的相对论告诉我们，双胞胎中的每一个都会相信是另一个衰老得慢，这是基于她们对另一个的观察和光到达她们的时间的计算。那么问题来了，当旅行的双胞胎返回，可以对她们进行直接比较时，会发现什么——这种比较不再需要进行任何计算，因为她们又回到了同一个地点。显然，两人不可能都比对方年长。要想回答这个问题，就必须认识到这两个双胞胎姐妹的立足点并不相同，对于旅行的双胞胎而言，她没有保持匀速运动的状态，只有家里的双胞胎基本保持匀速运动，所以只有她的看法才是正确的，旅行的不论是姐姐还是妹妹都会变成更小的妹妹！

结束之前我还想再说一点，你一定很想知道，那是什么阻止我们将物体加速到大于光速的呢？你可能会想，如果对物体施加足够大的力和足够长的时间，让它一直在加速，最终它一定会达到任何想要的速度。

基础力学告诉我们，物体的质量衡量了改变物体运动状态的难度，质量越大，改变其运动状态的外力也需要越大。任何物体在任何情况下都不能超过光速，这一事实让我们对这一点又有了新的理解：当物体的速度接近光速时，物体质量必然无限制地增加。通过数学分析，我们可以得出，与式（2）和式（3）类似，假设物体运动速度非常小时（近似静止），质量为 $m_0$，则当物体速度为 $v$ 时，质量 $m$ 由下式给出：

$$m = \frac{m_0}{\sqrt{\left(1 - \frac{v^2}{c^2}\right)}} \qquad （4）$$

式（4）告诉我们，当 $v$ 接近 $c$ 时，进一步加速的难度会变得无穷大。因此，$c$ 是速度极限。对快速运动的粒子可以很好地从实验上观察到质量的相对论效应，以电子为例，电子是在原子内部发现的微小粒子，围绕着原子的中心原子核运动，因为电子很轻，所以很容易被加速，当电子从原子中逃逸出来后，在特殊的粒子加速器中受到强大的电力作用时，电子可以被加速到接近光速（只差很小很小）。在这样的速度下，进一步加速难如登天，电子的质量比电子正常质量大 4 万倍，这正是美国加利福尼亚州的斯坦福实验室所证明的。

　　不仅如此，时间膨胀效应也已经在实验室得到了证明，在瑞士日内瓦的郊外，坐落着著名的欧洲核子研究中心（CERN），研究中心高能物理实验室中的科研人员发现，在正常情况下，不稳定的渺子放射性衰变周期约为百万分之一秒，而通过 CERN 环形加速器的加速，渺子的放射性衰变周期可以延长 30 倍，这与时间膨胀公式所预期的数值正相吻合。

　　由此可见，对于这样大的速度，经典力学已经完全不再适用，我们进入了一个"全新"的领域，不可避免地就需要应用相对论来解释。

# 3
# 滨海假日

听完第一次相对论演讲的很多天以后，汤普金斯先生仍然沉浸在那个相对论之城的梦里。他对火车司机能够让乘客青春永驻这件事情尤其着迷。每天晚上汤普金斯先生都会带着希望上床睡觉，他希望能够再次在梦里走进相对论之城。然而事与愿违，因为胆小和焦虑，汤普金斯先生的梦大多都不怎么愉快，比如上一个梦就是因为做账太慢而遭到了银行经理的解雇——在那个梦里他倒是解释了相对论和时间膨胀，然后没人理会他。

汤普金斯先生觉得是时候休个假了，他决定去海边待上一周。就这样他坐上火车踏上旅途，窗外市郊灰色的屋顶逐渐消失了，取而代之的是乡村翠绿的草地。

尽管错过了相对论系列的第二次演讲，不过好在设法从大学秘书处要来了教授讲稿的复印件。讲稿就在身边，他从手提箱里取出来又开始研究，他想弄明白相对论的奥妙，然而每每都是浅尝辄止，就像现在一样。火车车厢轻轻地摇曳着，汤普金斯先生感觉舒服极了。

他放下讲稿,再次望向窗外,风景已然大变。电线杆一根根挨在一起倒是像极了乡村的篱笆,树木的树冠非常窄,就像一棵棵意大利柏。让他高兴的是,他朝思暮想的老朋友——那位相对论教授正坐在他的对面,他一定是在自己专心看讲稿的时候上车的。

汤普金斯先生可不愿放过这个大好时机,他果断地鼓起勇气与教授攀谈起来。

"我们又到相对论王国了,对吗?"

"是的,你很熟悉嘛……"

"我以前来过这里一次。"

"你是物理学家?是相对论专家?"

"哦,不,不。"汤普金斯先生赶紧解释道,"我才刚刚开始学,到目前为止只听过一次演讲。"

"很好。任何时候开始都不晚。相对论是个引人入胜的课题。你在哪里听的演讲呢?"

"在大学里。听的正是您的演讲。"

"我的演讲?"教授声音明显大了起来,他认真地打量着汤普金斯先生,露出了一丝赏识的微笑。"我想起来了,你是那个迟到的人,当时坐在了后排的长椅上,怪不得我总觉得在哪里见过你。"

"希望我没有扰乱……"汤普金斯先生略带歉意地喃喃道,他忐忑地希望目光如炬的教授没注意到自己后来睡着了。

"不,不,这没什么。这种事儿时有发生。"

汤普金斯先生思考片刻，鼓起勇气接着问，"我不想打扰您，但我真的想问您一个问题——就一个小问题。上次我在这里遇到了一位火车司机，他坚持认为，火车上的乘客比城市里的居民衰老得慢全是因为火车的起停。我不太明白，比如既然运动是相对的，那为什么不是反过来呢？……"

"如果两个人都处在匀速相对运动中，那么每个人都会认为对方比自己衰老得慢——这就是相对论的时间膨胀效应。火车上的乘客会认为车站的售票员衰老得更慢，反过来车站的售票员也会觉得是火车上的乘客衰老得更慢。"

"但他们总不可能都是对的吧？"

"为什么不可能呢？从彼此的立场看，他们都没错。"

"那么到底谁是对的呢？"

"这个问题太宽泛了。在相对论中，观察结果一定始终与特定的观察者有关——而这个观察者对于所要观察的事物的运动是可以明确定义的。"

"但是车上的乘客看起来比售票员要年轻，这总是无可回避的现实吧！"汤普金斯先生举例描述了他上次碰到的那个经常出差的绅士和他的孙女。

"当然！当然！"教授有点不耐烦地打断他，"这不就是双生子佯谬吗？如果你还记得的话，我上次就讲过这个。与孙女不同的是，爷爷并不是在做匀速运动，而是真的会受到加速度的影响。正是因此，那个孙女才会真正看到当爷爷回到家时又显得年轻了，只有那时他们的比较才有意义。"

"哦，我明白了。但我还不明白，相对论的时间膨胀可以很好地帮助孙女理解爷爷的青春常驻，但爷爷又如何正常看待孙女的衰老呢？"

"这个啊！这不正是我第二次演讲中讨论的吗？你不记得了？"

汤普金斯先生只好窘迫地解释自己为什么错过了第二次演讲，并且强调自己正在努力地啃讲稿跟上节奏。

"原来如此。总的说来，那个爷爷必须考虑他的运动状态改变时发生在孙女身上的情况，他才能理解整个事情。"

"那具体是什么呢？"

"嗯，当他以匀速前进时，他的孙女老得会比平时慢一些——这是通常的时间膨胀效应。但是，一旦司机踩下刹车，或者在回来的时候启动加速，就会对她的衰老过程施加产生正好相反的影响。正是在这些短暂的非匀速运动期间，孙女的衰老远远超过了爷爷。即使后来在匀速回家的路上，孙女的衰老速度恢复正常，前面发生的事情终归已经发生了，总的说来孙女的确比爷爷老了更多——这正是爷爷所看到的。"

"太不可思议了！那么科学家们有什么证据吗？这种衰老的不同是否已经经过实验验证了？"

"当然！第一次演讲里我提到过欧洲核子研究中心（CERN），CERN 地下实验室中的环形粒子加速器可以把不稳定渺子循环加速。这些速度接近光速的渺子半衰期要比实验室中静止不动的渺子长 30 倍。运动的渺子就像爷爷，在一圈圈的回旋加速中，他们真正受到了力的作用，而静止不动的渺子毫无疑问就像是孙女——时间对'她们'来讲是正常的，衰变或者说是'死亡'也就来得更早。

"其实我们也能间接验证这一点：非匀速运动与非常大的引力作用结果其实是类似的，或者本质上就是相同的。你可能注意过，当你乘电梯加速上升的时候，自己似乎变重了；相反，如果电梯下降时则好像有点失重（如果缆绳断了这种感觉会更加明显）。也就是说，加速度产生的'引力场'可以和地球的引力场相加或相减。这种等效关系意味着我们可以通过引力对时间的影响来研究加速度对时间的影响。人们已经发现，在地球引力的作用下，高塔顶部的原子要比高塔底部的原子振动得更快——这正是爱因斯坦曾经预言的加速度效应。"

汤普金斯先生眉头紧锁，他搞不明白塔顶原子更快地振动和那个孙女衰老得更快之间有什么关系。教授也注意到他的困惑，便继续解释：

"假设你正在高塔底部抬头看着塔顶原子的高速振动，这时你受到一种外力的作用——你可以理解为地板向上的推力，正是这种力帮你抵消了重力的作用。也正是这种向上的力加快了向上运动的物体的时间。原子离你越远，你和原子之间的重力势差就越大；这反过来意味着，与和你一起在高塔底部的原子相比，那些塔顶的原子速度会更快。

"现在，同样地，如果你在火车上受到外力的作用……比如我们现在就在减速，肯定是司机踩了刹车。太好了，此时此刻，你一定能感觉到，椅背给你施加了一个与火车运动方向相反的力来改变你的速度。而在这个过程中，所有与火车运动方向相反的事情的时间都会加快，如果孙女所在的地方正好在这个范围内，那无疑也是一样的。"

"现在我们到哪儿了？"教授望着窗外问道。

火车正缓缓驶过一个乡村小站，站台上有一个检票员，另一头售票处窗口坐着一个看报纸的年轻售票员，除此之外别无他人。突然，检票员双手一甩，脸径直朝地栽了下去。汤普金斯先生并没有听到枪声，可能是湮没在火车噪声里了。但事情是明摆着的，检票员就倒在血泊里。教授立刻拉下紧急刹车阀，火车猛地停了下来。汤普金斯先生与教授一起走出车厢，那个年轻的售票员正在一边跑向尸体，一边捡起一把手枪。正在这时，一个警察也来到了现场。

"子弹穿心而过，"警察检查完尸体，转向年轻的售票员，"我现在要以谋杀检票员的罪名逮捕你，把枪交出来。"

售票员惊恐地望着枪。

"这不是我的枪！我也是刚刚才把它捡起来，我当时就待在那里看报纸，听到枪声才赶紧跑了过来，当时枪就在地上，我猜一定是凶手夺路而逃时扔下的。"

"说得好像真的一样！"

"我郑重地告诉你，我没有杀他，我有什么动机要杀掉老检票员呢？"

年轻人绝望地看看周围，指着汤普金斯先生和教授说，"你们一定都看到了，这两位绅士可以证明我是无辜的。"

"是的，"汤普金斯先生肯定地说，"我看见了全部经过，当检票员遭遇枪击的时候，他正在看报纸，那时他手上并没有枪。"

"好吧，但当时你可是在火车上。"警察略显轻蔑地说，"也就是说你在运动对吧？运动！这也意味着你的所见所闻什么也证明不了。从站台的角度看，即使你看到受害者死亡的时候他正在看报纸，那也可能在那之前他早已经拔枪射杀了受害者。要知道，'此时此刻'取决于你观察事物的参照系。先生，我知道你是好意，不过这些只是在浪费我的时间。"警察边说边转向那个可怜的售票员，"跟我走吧！"

"呃，对不起警官，"教授插话了，"我认为是你错了——而且错得很离谱。诚然，在你们国家，'此时此刻'确乎是高度相对的；而且不同地点的两件事是否真的同时发生也取决于观察者的运动状态。但是不论如何，任何人都不能先看到结果，后看到原因。这就好比永远不能收到还没有被发出的电报，也绝不可能在酒瓶未开之前就先把酒给喝了。而现在的事实是：我们看到那个年轻人的确在检票员倒下后才捡起那把枪。如果我理解没错的话，按您的逻辑我们可能是先看到了检票员中枪倒地，然后才看到凶手打出了致命一击。但恕我直言，这是完全不可能的，即使在您的国家也不例外。据我了解，警察是最遵章办事的，你们会严格按照警官条例上所写的去工作，您可以再去看看，很可能会找到一些相关的……"

教授不容置疑的语气给警察留下了深刻的印象。他掏出口袋里的警官条例，慢慢地翻阅起来。不久，又红又大的脸上露出一丝略带尴尬的微笑。

"您说的对，找到您说的了。第 37 章第 12 节 e 款：'只要有可靠的证据——不论提供证据的观察者是否来自运动系统——证明在受害人被害的瞬间或时间间隔 ±d/c 内犯罪嫌疑人距离犯罪现场为 d，则犯罪嫌疑人具备可接受的不在场证明，可判定无罪。'"

"对不起，先生，"警察喃喃地对售票员说，"看起来我犯了个大错误，请接受我的道歉。"

年轻的售票员如释重负。

警察转向教授说道："太感谢您了，先生。您看得出来，我刚当警察不久，这些条例还不是很熟悉，是您让我避免了回到总局可能遇到的大麻烦，再怎么感谢都不为过，不过我现在得花点时间把这个凶杀案报上去。"

警察开始拿着对讲机汇报案情，一分钟后，汤普金斯先生和教授告别了感激不尽的售票员，重新回到了车上。这时，那个警察远远地喊道，"好消息！我的伙伴们似乎抓住了真正的凶手。他跑出车站时被逮了个正着，再次感谢！"

重新回到座位以后，汤普金斯先生又打开了问题包，"可能是我太笨了，不过你们关于同时性的讨论我感觉自己好像有点儿断片了，难道在这个国家里，'此时此刻'真的没有任何意义吗？"

"当然不是，'此时此刻'不能说完全没有意义，不过只在一定范围内有意义，要不然，我就根本无法帮助那个售票员了。你知道的，任何物体的运动速度或者任何信号的传播速度都不能超过光速，这也就意味着同时性这个词失去了它的本来意义。举几个例子说吧，假设你有个朋友，他住在离你很远的城市，你们之间靠航空邮政寄送信件彼此联系，即使如此每次通信也需要花3天时间。再假定某天你身上发生了些什么，而且你知道你的朋友也会经历同样的事情。很明显，你无法在星期三把这个事情告诉你的朋友；反过来说，如果是你的朋友提前知道你将要经历同样的事情，他最早也要到上个星期四才能告诉你。因此，在三天之前，你的朋友不能影响你星期天的命运，同样三天之后，他也不会受你星期天发生的事情的影响。可以说，从因果关系的角度看，这6天你们是彼此失联的。"

"如果用电子邮件呢？"

"刚才我已经说了，为了便于讨论，我已经假定飞机速度是最大速度。事实上，最大的速度是光速，或者任何其他形式的电磁辐射，比如无线电波。但不论用什么发送信号或施加影响，你都不可能超过这个速度。"

"抱歉，不过您说得我越发迷糊了，这些和同时性又有什么关系呢？"

"好吧！我们以星期天的午餐为例。你和你的朋友都会在星期天吃午饭，但是你们能保证一定是同时吃的吗——那种非常精确的同时？也许有观察者会说是的。但是也许别的火车上的观察者会有不同看法，他们会坚持说当你享用周日午餐的时候，你的朋友正在享受周五的早餐或者周二的午餐。但你知道——这就是问题所在——超过3天的间隔，不论是谁都不可能看到你和你的朋友'同时'吃饭。如果真的如此，那你一定会陷入各种矛盾之中。

比如，你甚至可以把吃剩的周日午餐寄给朋友，让他在周日午餐时吃。如果你已经吃完你的周日午餐，观察者怎么能看到你同时在吃你的周日午餐呢？还有……"

正在这时，车身突然一震，惊醒了汤普金斯先生，他和教授的"谈话"也被打断了。火车到达了目的地，汤普金斯先生急忙收拾好东西，下了火车朝自己的旅馆找寻而去。

第二天早上，汤普金斯先生下楼到旅馆的玻璃长廊去吃早饭，惊喜不期而遇。"相对论教授"就坐在对面角落的桌子边！不过实际上这可不是什么惊人的巧合——汤普金斯先生去大学取讲稿时，秘书就提醒过他注意一则通知，通知说下星期的讲座取消了，因为教授希望去个好地方休假一周，而秘书提到的度假胜地，恰好也是汤普金斯先生的最爱之一，他当然决定以教授为榜样，于是最终他们来到了同一个海滨小镇——当然，自己居然和教授下榻在同一家酒店，这倒的确称得上意外惊喜。

但是，比教授更吸引汤普金斯先生目光的是他的同伴——一位女士，她穿着休闲、个子不高，算不上很漂亮，但举止文雅，看上去引人注目，女人时不时伸出纤长的手指做着颇有意味的手势。汤普金斯先生估摸着她应该30岁出头，可能比自己还要小几岁。他正想着这样一个年轻的女人究竟为什么和老教授在一起。

这时，女人不经意地朝着他的方向瞟了一眼。汤普金斯先生没来得及躲开她的目光，很明显她已经发现自己盯着她了，他觉得十分尴尬。好在那位女士只是礼貌地微笑了一下，随即又转向了教授，倒是教授紧跟她的目光扫了过来，此刻正仔细端详着汤普金斯先生。四目相对，教授简单地、略带疑惑地点了点头，好像在说："我是不是在什么地方见过你？"

汤普金斯先生觉得最好还是向他们自我介绍一下。尽管向同一个人两次自我介绍有点滑稽，但昨天在火车上的相遇很明显不过是一枕黄粱，恰巧教授也很热情地邀请汤普金斯先生过去共进早餐，何乐而不为呢？

"介绍一下，这是我的女儿莫德。"教授先开口了。

"您的女儿！啊！"

"有什么问题吗？"

"没，没，当然没有。很高兴认识你，莫德！"

莫德微笑着主动和汤普金斯先生握手致意，接着他们回到座位上要了早餐，教授转向汤普金斯先生问道："那么，我上次的演讲介绍了弯曲空间，那些内容你是怎么理解的……"

"爸爸！"莫德温和地想阻止教授，但他却没有理睬。于是汤普金斯先生"又一次"道歉并解释自己错过了这次演讲，仿佛自己已经道过一次歉。听说汤普金斯先生已经费心弄到讲稿而且正在努力读懂时，教授倒是颇为感动。

"没关系，你显然很好学。要是我们都厌烦了成天躺在沙滩上无所事事，那我倒是很乐意给你开个小灶。"

"爸爸！"莫德很明显有些生气了，"我们可不是为此来这儿的，我劝你来就是想让你抛开工作好好休息一周。"

教授只是笑笑。"我女儿总是爱怼我。这次来休假就是她的主意。"

"记着，这也是您医生的主意！"

"得，不管怎样说，"汤普金斯先生打断父女俩的谈话，"我的确要感谢您，从您的第一次演讲中学到了许多东西。"他边笑边回忆着他在相对论王国的梦境奇遇——街道肉眼可见地大大缩短，时钟则动不动就神奇地变慢。

"你看我说什么来着，"莫德对着教授说，"既然你是在给大众做科普演讲，就应该更加具象化、通俗化一些，人们一定会把你讲的各种效应同日常生活联系起来的。我倒是觉得你可以从汤普金斯先生这儿取取经，把相对论王国的事儿也说一说。爸爸你就是太抽象、太学院气。"

"太学院气，她总是这样说我。"

"本来就是嘛！"

"你说的对，你说的对！我会考虑的。不过，"他转向汤普金斯先生，"你说的还是不对，即使速度极限真的只有 20 千米每小时，你也不会看见自行车被压扁的。"

"不会吗？"

"不，当然不会。关键在于你眼睛看到的或者用照相机拍下的东西长什么样，其实取决于那一瞬间到达你的眼睛或照相机镜头的光源。如果从自行车车尾发出的光要比车头发出的光到达你的眼睛或照相机镜头的光路更长，则来自车头和车尾但却同时到达某一特定点的光，必定是在不同时间发出的，或者说，你看到车头光和车尾光的时候，自行车的位置并不相同。你看到的车尾的光一定是从——而且看起来也的确是从——车尾行进一段时间之前发出的光。"

汤普金斯先生显得有点跟不上了，所以教授顿了顿，略加思索后耸了耸肩膀继续说。

"这一点不懂也没什么，我要说的是，因为光速是有限的，这是我们看到的物体发生形变的根本原因。实际上，你在相对论王国里所看到的应该是倒转过来的自行车。"

"倒转过来？"汤普金斯先生不淡定了。

"是的，就是这样的。那辆自行车应该是倒转过来的，而不是被压扁的。事实上，您的结论无疑正是因为理解还不够到位——这么说吧，你可以想象自己拍了张照片，你基于照片上的数据，同时考虑光线到达照片上不同点的光的不同传播时间，然后再去计算——对，是计算，你肯定不是看到的，只有那时你才会得出结论说要得到照片上你想象的图案，自行车的长度必定是缩短了。"

"你又来啦，吹毛求疵，这不是学院气是什么？"莫德忍不住打断他们。

"吹毛求疵！？"教授也有点不开心了，"完全不是你说的那样。"

"好吧！我回房间去拿我的写生簿了。"莫德不想继续这个话题，"你俩接着讨论吧！午饭见！"

莫德走后，汤普金斯先生问了一句："这么说她有一点喜欢画画？”

"那可不是一点……当着她的面你可千万不要这样说，莫德实际上算是一位画家——一位职业画家——事实上莫德已经小有名气了，你知道可不是每个人都能在邦德街的画廊里举办巡回画展的，上个月《泰晤士报》上还有一篇关于她的专题报道呢！"

"真的吗？"汤普金斯先生脱口而出，"你一定很为她而自豪吧？"

"当然。最后证明这一切都还不错，可以说非常好！"

"您这个'最后'充满了故事！能详细说说吗？"

"没什么，毕竟画画可不是我原本对她的期望。有一段时间，她明显是当物理学家的料——那时她很优秀，数学和物理都是顶尖的。可是突然有一天，她把这一切都放弃了，就是这样……"说着，教授的声音渐渐变小了。

教授定了定神振作起来继续说道："好在就像我说的，现在她也小有成就，最重要的是颇为快乐。有女如此父复何求呢！"他朝餐厅的窗外瞥了一眼，接着说，"要不我们出去？弄几把躺椅，然后……"他确定莫德不在，又狡黠地加了一句，"我们可以聊聊我们都感兴趣的，你懂的！"

汤普金斯先生求之不得，于是，他俩走到海滩上，找了一个清静的地方坐下。

"先说说弯曲空间。想象一个面——一个二维曲面——就比如地球的表面。某个石油大亨想看看自己的加油站是否均匀分布在某个国家，我们以美国为例（见图 3）。怎么做呢？他给美国中部某座城市（比如堪萨斯城）的办公室发出指令，让他们

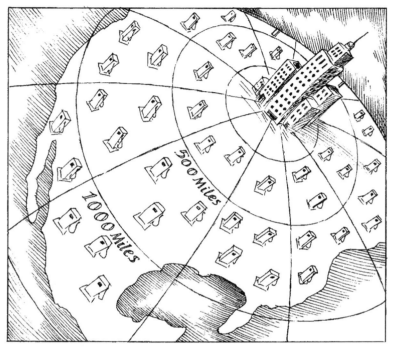

图 3　大亨的加油站数量是等差平方数列吗？

先数一数一定距离内的加油站数量，再数一数两倍距离内的加油站数量，再数一数三倍距离内的加油站数量，以此类推。圆的面积与半径的平方成正比，由此预计如果是均匀分布的话，相应的加油站数目应该像数列 1、4、9、16……等差平方增加。然而收到报告时他却发现实际的数量增速要慢不少——1、3.9、8.6、14.7……'岂有此理！'他大发雷霆，'这些经理可真不让人省心，把加油站都集中在堪萨斯市附近这到底是要干什么？'可是，大亨先生一定是正确的吗？"

"听起来没毛病啊！"

"当然不对，事实上，他忘了地球表面不是一个平面，而是一个球面。在球面上，给定半径内的面积随半径增长的速度可没有平面上那么快。"他说着，还顺手指了指一个女孩向她父亲抛过去的沙滩排球。"比方说，那个沙滩排球就是个标着北极的地球仪，而你恰巧就站在北极，那么半径等于半个子午线的圆就是赤道，它所包含的面积就是北半球的球面面积。半径增加两倍，你就能得到整个地球的球面面积。注意，这时，面积只增大 1 倍，而不是像平面上增大到 4 倍。这种差异正是由于曲面的正曲率造成的，对吧？"

"明白了，"汤普金斯先生说，"不过为什么您要强调正曲率呢？难道还有什么'负曲率'不成？"

"当然，"教授的眼睛迅速扫过海滩，"喏，那就是！"他边说边指着一头男孩骑着的驴。"你看那个鞍，那头驴鞍表面的曲率就是负曲率，这就是个不错的例子！"

"您是说鞍面？"

"是的，就是这个形状。假定在地球上的某个地方，两座山之间正好会形成一个鞍形的山口，鞍形山口上正好坐落着一个植物学家的茅屋，植物学家对小屋周围松树的密度颇感兴趣，于是他和前面的石油大亨一样，开始数距离小屋 100 米、200 米等范围内松树的数量，他会发现松树数量的增长速度比距离的平方要快——这与我们刚才在地球球面看到的情况正好相反。对于鞍面，给定半径内的面积要比平面上的面积大，这样的曲面就具有负曲率。这么说吧！如果你想在一个平面上铺开一个鞍面，褶皱势必无法避免；而对于一个没有弹性的球面，我们则可能需要撕开几个口子才行！"

"我明白了！"

"关于鞍面还有一点需要说，球面面积是有限的，等于 $4\pi r^2$，而且球面会自动闭合。但鞍面不一样，可以说鞍面在各个方向都是无限的，是开放曲面而不是闭合曲面。当然，在我的例子中，当你走出山脉，进入正曲率的地球表面时，那个已然不存在的'鞍面'当然就不再具有负曲率了，不过你可以想象一个处处保持负曲率的曲面。"

"好吧，"汤普金斯先生说，"不过请您原谅我打断下，您说的这些都很直观、很简单，但说这些到底是想告诉我什么呢？"

"哦，好吧！最关键的是同样的思维方式也适用于三维空间，而不仅仅是我们目前所讨论的二维'空间'或平面。三维空间也是可以弯曲的。"

"怎么弯曲呢？"

"和前面一样啊！我们的分析也一样。假设所有天体在整个空间中均匀地分布——注意，现在是三维空间了，这里的物体可不仅仅是分布在二维地球球面的加油站，而是天体——可能是恒星、可能是星系（散布在太空中的巨大漩涡状恒星集合）、也可能是星系团。假设星系团或多或少是均匀分布的——也就是说，任意两者之间的距离恒定。接下来我们按等差数列数不同距离内天体的数量，如果天体数量按距离的立方呈比例增长，那这个三维空间就是'平'的。"

汤普金斯先生点点头。

"既然如此,"教授接着说。"如果星系团数量真的是这样增长的,那么这个空间就是'平'的——也就是真正的欧几里得空间。但我们也可能发现星系团数量增长的速度可能比这个慢也可能比这个快,也就意味着对空间而言有了正曲率或负曲率。"

"您的意思是,如果空间具有正曲率,在一定距离内的天体容量就小一些,而在负曲率的情况下,天体容量就大一些?"汤普金斯先生试着问。

"正是如此。"

"但这也意味着,如果我们周围的空间曲率为正的话,就比如它就是那个沙滩排球,那么它的体积不是 $4/3\pi r^3$,而是要小一些?"

"完全正确,反过来,如果曲率为负的话则要大一些。只不过,像沙滩排球这么大点儿的球体,差别微乎其微,小到你几乎不可能发现。事实上也只有天文学那样遥远的距离才有测量的价值,也就是我所说的是整个宇宙中星系团之间的距离。"

"不可思议!"

"还不只如此。如果曲率是负的,那么三维空间在所有方向都可以无限扩展,就像之前我们的二维鞍面一样。反过来说,如果曲率是正的,那也就意味着三维空间是有限的、闭合的。"

"这又意味着什么呢?"

"意味着什么?这意味着,如果你乘坐宇宙飞船从北极垂直起飞,沿着同一方向——一条直线——你会再回到地球,并从相反的方向接近地球，最终在南极着陆。"

"这怎么可能呢？"汤普金斯先生惊呼起来。

"有什么不可能呢？以前大家也都认为地球是平的，结果却
发现探险家正对着西方一直走，刚开始认为自己会离起点越来越
远，结果发现自己居然从东方回到了起点完成了环球旅行。还有
一件事……"

"先别有了……"汤普金斯先生想阻止教授，很明显他已经
有点儿晕头转向了。

"宇宙正在膨胀，"教授不以为意地继续说，"我和你说过的
那些星系团正在一刻不停地远离彼此，离得越远移动的速度就越
快。这些的源头都是宇宙大爆炸。我想你听说过宇宙大爆炸吧？"

汤普金斯先生点点头，心里却在想莫德到底上哪里去了。

"很好，"教授接着说，"这就是宇宙的起源，宇宙大爆炸之前
什么都没有，没有空间，没有时间，什么都没有。可以说，万物
最初都来自一个点，那也是一切开始的时候。宇宙大爆炸之后，
星系团们开始彼此远离。不过，由于相互之间的引力作用，它们
彼此远离的速度也正在逐渐减慢。那么问题来了，星系团的移动
速度是否足够快到可以摆脱它们的引力（如果可以，宇宙将永远
膨胀），再或者是否有一天它们会减速到停止，然后再被拉回一
起从而产生宇宙大收缩。"

"宇宙大收缩，然后呢？"汤普金斯先生的兴趣又被勾了回来。

"嗯，那可能就是世界末日，宇宙会最终消失。再或者，可
以发生反复——来个宇宙大反弹——宇宙可能本身就是一直在振

荡的，膨胀、收缩，然后下一次再膨胀、收缩，就这样循环下去，直到永远。"

"那咱们的宇宙到底会怎么样呢？永无止境地膨胀下去，还是有朝一日来个宇宙大反弹呢？"

"我也说不准。这取决于宇宙中有多少物质——究竟有多少物质可以产生让宇宙膨胀减慢的引力。就目前看来非常平衡，物质的平均密度接近于我们所说的临界值——区分无限膨胀和宇宙大收缩的极限值。事实上这个很难判断，因为我们现在知道宇宙中的大部分物质是不发光的，它们可不像恒星，我们称之为暗物质，因为不发光所以很难探测到它们，但我们知道它至少构成了所有物质的99%，可以说正是它们的存在使得总密度接近临界值。"

"真扫兴！我太想知道宇宙究竟会走向何方了，可是，密度这玩意儿居然成了拦路虎！"

"嗯……是的，不过可以说不是。事实上，考虑到所有我们能想象的可能的值，人们猜测密度如此接近临界值一定有一些深层次的潜在原因。很多人怀疑，在大爆炸的早期，一定还有某种机制在起作用，自动导致密度具有这个特殊的值。换句话说，密度如此接近于临界值绝非巧合，也不是什么偶然，而是必需的、确定的。而且事实上，科学家们认为我们知道这个机制是什么。我们称之为暴胀理论……"

"爸爸，你又讲你的物理黑话！"

莫德的到来让他们大吃一惊。她从他们身后走过来时，汤普金斯先生还在和教授聚精会神地谈话。"休息一下吧！"

"稍等一下。"教授继续转向汤普金斯先生,"在她粗暴地打断之前,我正想说前面所有事情都是有联系的。如果有足够的物质引起宇宙大收缩,那么就会有足够的物质产生正曲率,这也就意味着宇宙是一个有限空间的闭合宇宙。"他稍作停顿,示意汤普金斯先生接着往下说。

"呃,如果……就像你说的。如果没有足够的物质,呃……"汤普金斯先生感到非常尴尬,倒不全是怕班门弄斧,主要是莫德也在专心听着,"是的,我是说就像我刚才说的,如果没有足够的物质就无法达到临界密度,那么宇宙将永远膨胀,然后……然后……呃……我猜……我猜……曲率就会变成负曲率,也就是说宇宙就会变得无限大……"

"太好了!"教授不禁叫道,"真是个好学生!"

"是的,很不错!"莫德也表示同意,"不过,我们都知道宇宙的密度很可能就是临界值,膨胀终究会停止——不过这要很久的将来才会发生,这个我早就听说了。现在,要不去游个泳?"

汤普金斯先生愣了一会儿才意识到莫德是在跟自己说,"我?你是说我要不要去游泳?"

"当然,你总不会认为我在问爸爸吧?你不会真的是这么想的吧?"莫德笑着说。

"呃,可是我还没有换衣服呢,我先回去拿我的游泳裤。"

"当然可以。我还以为你会一直穿着呢。"她狡黠地开玩笑。

# 4
# 第二讲：弯曲空间

———————————

女士们，先生们：

今天我们讲弯曲空间及其与引力的关系。

想象一条曲线或一个曲面，这个再简单不过了。那么我们所说的弯曲空间——弯曲的三维空间又是怎么回事儿呢？要在脑海中勾勒出一个弯曲的三维空间显然是不可能的。要做到这一点，我们必须从"外部"也就是其他维度进行观察。好在，我们还可以研究曲率，这是一种不依赖于可视化的数学方法。

首先看看二维曲面的曲率。如果有个面，我们在上面画一个几何图形，它的性质与平面上的不同，数学家就称之为曲面。我们通过测量与欧氏几何的偏差确定曲率。举一个例子，在一张平面纸上画一个三角形，在小学几何中我们学过，三角形三个内角之和等于180°。你可以把这张纸弯曲成圆柱形、锥形或者其他什么更复杂的形状，但是画在上面的三角形内角之和始终等于180°。也就是说这种面的几何性质不会随着这种形变而改变，从"内部"或"内在"曲率的角度来看，得到的曲面依然像平面一样平坦。

另一方面，除非可以压扁或拉伸，你不可能把一张纸贴在一个球面或者鞍面上。这是因为球面的几何性质与平面的几何性质有着本质上的不同。以球面上的三角形为例，首先要在球面画一个三角形，需要等长的三条"直线"。与在平面上一样，我们将曲面上的"直线"定义为两点之间的最短距离，这也意味着我们首先要找到球面上的短程线（也叫测地线），也就是过该点的球面与地心相交得到的大圆的弧线。用这样的圆弧画一个三角形，你就会发现欧氏几何的一些简单定理不再成立。比如，一个由两条子午线的北部和它们之间的赤道部分组成的三角形，其底部有两个直角，顶部有一个任意的角——三角形内角总和显然大于 180°。

相反，如果在鞍面上画一个三角形，你会发现三角形内角总和永远小于 180°。

研究曲面几何性质是确定曲面曲率的先决条件，否则仅仅通过从外面观察就可能出错。比如，仅仅依靠这种观察，你可能会把一个圆柱体的表面和一个球体的表面归于一类，而正如我们在前文分析过的，一个圆柱体的表面实际上还是平面，只有球面从曲率的意义上讲才是弯曲的。一旦习惯了曲率这个严格的数学概念，就应该不难理解物理学家在讨论三维空间是否弯曲时的意思。我们没有必要到三维空间之外去看它是否"看起来"弯曲，而是只需要在空间内分析欧氏几何是否仍然适用。

听到这里你可能觉得奇怪，为什么要期望空间几何不是欧氏几何呢？因为几何性质的确与物理条件相关，为了表明这一点，我们假想有一个大的转盘一样的圆形平台，该平台绕自己的轴匀速地转动，我们把一些小的测量尺子放置在一条直线上，沿着半径一直从中心延伸到圆周上的一点，把另外一些测量尺子沿着圆周排成一个圆。

在屋内有观察者 A，A 相对于平台所在的房间静止不动，那么当转盘旋转时，A 会看到放在转盘周边的尺子会沿其长度的方向移动。第一讲中我们讲了，不出意外 A 会看到"动尺缩短"；也就是说，摆满周长需要更多的尺子。而沿着半径放置的尺子，其方向与运动方向成直角，不会发生长度收缩，也就是说，不管平台如何运动，从中心到圆周的一点需要的尺子数目不变（见图 4）。

换句话说，测量出来的半径 $r$ 不变，但根据所需的尺子数量测量出来的周长 $C$ 的长度则会大于正常的 $2\pi r$。

我们知道，对于观察者 A 来说，这一切合情合理，尺子围绕圆周运动，长度收缩。但是，对于转盘中心的观察者 B 而言，她与圆盘一起旋转，情况又会如何呢？她会看到和观察者 A 一样多的尺子，因此同样会得出圆周与半径之比不符合欧氏几何的结论。但是，假如平台是一个没有窗户的封闭房间，B 就观察不到任何动静，她又如何解释这一反常的几何性质呢？

观察者 B 可能觉察不到转盘的运动，但她会意识到周围有一些奇怪的东西。比如，她会注意到，平台上不同位置的物体不是静止的。这些物体都在加速远离中心，加速度取决于它们离中心的距离。换句话说，这些物体似乎受到一种力（离心力）的作

图 4 万一房子没有窗户，没有参照物，什么都没有，观察者 B 可怎么办？

用。离心力是一种特殊的力，这种力使得所有物体在任何特定的位置以相同的加速度加速，加速度的值与质量无关。也就是说，"力"似乎会自动调整自身大小从而匹配物体的质量进而产生所在位置的加速度。B 一定会说，在这个"力"和她发现的非欧几何之间一定有某种联系。

在此基础上，我们考虑光路。对于静止的观察者 A，光总是沿着直线传播。但假设一束光掠过旋转平台的表面，虽然 A 会说这束光依然沿着直线运动，但是它在旋转平台表面的轨迹肯定不是直线。这是因为光线需要一定的时间穿过平台，而在这段时间内平台已经转过了一定的角度。这就好比用一把锋利的刀在一个旋转的圆盘上拉成一条直线，最终表面的划痕会是弯曲的而不是直的。也就是说，处于转盘中心的观察者 B 会发现，从一边到另一边的光路是弯曲的而不是直线。同前面看到周长与半径之比不等于 $2\pi$ 的怪事儿一样，她只能把光的弯曲这一怪事儿归因于她所处环境中特殊物理条件所产生的"力"。

事实上，这种"力"不仅会影响光路这样的几何性质，还会影响时间的流逝。这一点可以通过在转盘圆周上放置一个时钟来证明，观察者 B 会发现圆周上的时钟比转盘中央的时钟走得要慢。从观察者 A 的角度看，这再简单不过了，圆周上的时钟由于平台的旋转而移动，因此与位于中心的时钟相比，时间被拉长了。但对于观察者 B 而言，她可能意识不到这个运动，因此还是必须把时钟变慢归因于那个神秘的"力"。到这里，我们可以看到几何性质的变化和时间的流逝都可以看作是物理环境的函数。

现在我们再来讨论另一种情况——在接近地球表面时会发生什么呢？所有物体都被地心引力拉向地球中心，这一点有点类似于所有放置在转盘上的物体都被甩向外围的情形。进一步说，物体的加速度完全取决于它的位置而与质量无关。在下面的例子中，我们可以更清楚地看到重力和加速度之间的对应关系：

假设在太空某处自由飘浮着一艘宇宙飞船，这艘飞船距离任何天体都很远，内部也没有任何引力。也就是说，在这艘飞船内的所有物体包括宇航员都没有重量，可以自由飘浮。现在启动引擎，让飞船获得速度。那么飞船里面会发生什么呢？我们很容易知道，只要飞船加速，飞船内部的所有物体都会呈现出向尾部（也就是我们所说的飞船"地板"）运动的趋势。或者换一种说法，飞船"地板"会朝着这些物体运动。例如，我们的航天员手里拿着一个苹果，然后松开手，这个苹果将以相对于周围天体恒定的速度继续运动，这个速度就是苹果被释放时飞船的速度。但是我们知道，飞船本身是在加速的，飞船的"地板"当然也是如此，它会运动得越来越快，理论上讲最终会赶上并撞击苹果。从那一刻起，苹果将永远与飞船的"地板"接触，被稳定的加速度压在地板上。

然而，对于飞船内部的航天员来说，就是另外一回事儿了，这看起来就像是苹果以一定的加速度"掉下来"，在触到地板后被自己的"重量"压在上面一样。如果她再"扔掉"别的物体，她会进一步发现，忽略空气的摩擦影响，所有的物体都以完全相同的加速度下落——她会回忆起，这不就是伽利略·伽利雷（Galileo Galilei）通过从比萨斜塔上扔球发现的自由落体定律吗？事实上，航天员无法区分加速的飞船舱内的现象和与普通的重力现象有什么分别，如果她愿意，她可以使用带钟摆的钟，可以把书放在书架上而不用担心书会飘走，甚至还可以把一幅画挂在墙上。可能这幅画正是阿尔伯特·爱因斯坦的画像，因为爱因斯坦是第一个指出引力和加速度是等效的，并以此为基础提出了广义相对论。是的，他的狭义相对论就是我们上一讲的内容：匀速恒定运动对空间和时间的影响。而广义相对论则将引力对空间和时间的影响纳入其中，通过引力和加速度的等效性完成了相对论从惯性系向非惯性系的推广。

再回到转盘上，以光束为例，在离心加速度的作用下，光路是弯曲的。同样的道理也适用于从加速中的宇宙飞船中穿过的光束（见图5）。外界的观察者会看到光束沿着直线运动，我们假设光束从一个点出发，对面远端的飞船壁上有一个点，如果飞船是静止的，光束当然会经过那个点。但由于光束穿过舱室时飞船存在加速度，光最终会射向不同的地方，会到达它最初瞄准点后面的一个点——一个更接近飞船"地板"的点。舱内的航天员也做了类似的观察，她发现光束最初瞄准的是正对面的点，但最终到达更接近飞船"地板"的点，也就是说对她而言，光像自由落体一样沿着一条弯曲的路径"落"向"地板"。不仅如此，她还发现几何图形出现了问题：三条光线形成的三角形的夹角之和不等于180°，圆的周长与半径之比不等于$2\pi$……

接下来讨论最重要的，刚刚我们看到，在一个加速参考系中，不仅物体会"下落"，光束也会沿着曲线"下落"到"地板"上，那么我们不禁要问，根据等效原理，我们是否有理由推断出光束会被引力弯曲。

为了量度一束光线在引力场中的曲率，我们需要计算飞船加速情况下的弯曲程度。假设$l$是飞船舱的长度，那么光穿过飞船舱的时间$t$是：

$$t = \frac{l}{c} \tag{5}$$

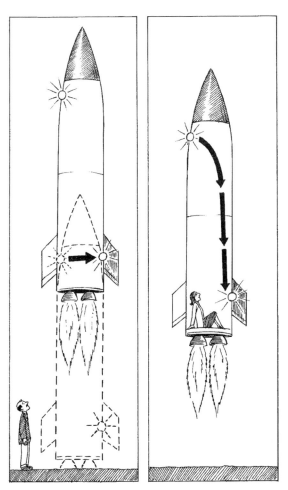

图 5　咦? 光怎么掉下来了?

飞船的加速度为 $g$，则在这段时间内，飞船的位移为 $L$，基础力学告诉我们:

$$L = \frac{1}{2} g t^2 = \frac{1}{2} g \frac{l^2}{c^2} \tag{6}$$

从数量级上看，光线方向改变的角度如式（7）所示：

$$\varnothing = \frac{L}{1} = \frac{1}{2} g \frac{l}{c^2} \tag{7}$$

其中：$\varnothing$ 的单位是弧度（1 弧度约等于 57°），光在引力场中走过的距离 $l$ 越大，$\varnothing$ 的值也越大。我们可以想象飞船的加速度 $g$ 就是地球的重力加速度约为 9.81 米 / 秒$^2$，现在让一束光穿过教室，$l$ 大约是 10 米吧，光速为 $3 \times 10^8$ 米 / 秒，简单计算如下：

$$\varnothing = \frac{1}{2} (9.81 \times 10) / (3 \times 10^8)^2 = 5 \times 10^{-16} \text{ 弧度}$$
$$= 10^{-10} \text{ 弧秒} \tag{8}$$

在这种情况下，我们当然无法观测到光线的弯曲度。然而，在太阳表面附近，加速度 $g$ 的值为 270 米 / 秒$^2$，光在太阳引力场中的总路径又非常大，经过太阳表面附近的光线的偏转值达到 1.75 弧秒，而这的确是天文学家在日全食时观测到的太阳旁边的恒星视位置的位移值。事实上，自从天文学家利用被称为类星体的强电磁辐射开展研究以来，人们甚至不需要等待日全食，而是在大白天就可以毫不费力地探测到来自类星体并经过太阳边缘的无线电波，进而非常精确地计算出光线的弯曲。

由此可见，加速系统光的弯曲确实等价地适用于引力场。我们不禁会想，转盘中央的观察者 B 发现的另外一个奇怪的现象——平台圆周上的钟走得比中心的钟慢，这是否意味着，在引力场中，距离我们一定距离的时钟也会有类似的表现，换句话说，加速度和重力的影响不仅非常相似，是否可能完全相同呢？

这个问题只能通过直接的实验来解答。事实上，科学家们的确已经证明了重力场会影响时间。但是通过等效计算不难发现，这种影响很小很小，这也正是为什么科学家们难以发现的原因所在。

再次回到前面讨论的转盘，现在可以很容易地估计出时钟变慢的数量级。基础力学告诉我们，在距离中心 $r$ 处，单位质量粒子受到的离心力如式（9）所示：

$$F = r\omega^2 \tag{9}$$

其中：$\omega$ 是转盘旋转的恒定角速度，当把质点从中心移到外围时，这个力所做的总功是：

$$W = \frac{1}{2} R^2 \omega^2 \tag{10}$$

其中，$R$ 是转盘的半径。

根据等效原理，我们可以把 $F$ 看作是转盘的引力，把 $W$ 看作是转盘中心与转盘圆周之间的引力势差。

正如第一讲中讲到的，以速度 $v$ 运动的时钟比不运动的时钟走得慢一些，"慢化因子"为 $\sqrt{\left(1 - V^2/C^2\right)}$。

$\sqrt{\left(1 - V^2/C^2\right)}$ 又可以近似展开为 $1 - \frac{1}{2}\frac{v^2}{c^2} + \cdots$

如果 $v$ 相比于 $c$ 非常小，可以忽略展开式中的其他项。根据角速度的定义我们知道 $v=R\omega$，相应的"慢化因子"如式（11）所示：

$$1-\frac{1}{2}\left(\frac{R\omega}{c}\right)^2 = 1-\frac{W}{c^2} \qquad (11)$$

也就是说，可以用两点引力势差来表示时钟快慢的改变。

想象把一个时钟放在地面上，另一个放在大约 300 米高的埃菲尔铁塔顶部，它们之间的引力势差非常小，由此引起的结果使得地面的时钟走得更慢，大约是塔顶时钟的 0.99999999999997 倍。

事实上，庞德（R.V.Pound）和雷布卡（G.Rebka）曾经做过一个实验证明了这种微小的影响，他们找了座 22.5 米高的高塔，同时塔顶部和塔底部原子振动速度差异，同样的，通过比较飞机上和地面上的原子钟的快慢，也能够证明这一点。人们发现，在考虑飞机运动引起的时间膨胀时（狭义相对论），必须考虑到地球上的时钟由于重力势差，根据高空飞行的时钟慢一点的情况进行修正，最终得到的理论值才能与观测结果一致。

一旦涉及更强的太阳引力，这一差别就不能忽略不计了。地球表面和太阳表面之间的引力势差要大得多，"慢化因子"高达 0.9999995。这种差别当然更容易测量。当然，这不是说我们能把一个普通的时钟放在太阳表面并看着它走。物理学家有更好的办法，利用分光镜观察太阳表面不同原子的振动周期，并将它们与实验室的本生灯火焰中相同元素的原子振动周期进行比较。根据式（11），太阳表面原子的振动会在"慢化因子"的影响下变慢。因此，它们发出或吸收的光的频率应该比地球光源的频率低一些，即频率应该向光谱的红端偏移。人们已经在太阳和其他几颗恒星的光谱中观测到了这种引力红移，观测结果与理论公式给出的值完全一致——在引力势差的影响下，太阳时间的确比地球时间要慢一些。

这些结果证明了加速度效应和引力效应的等效性。现在再次回到空间曲率上：

你们一定还记得，非匀速运动的参考系中所得到的几何图形与欧几里得几何学是不同的，相应的空间我们称之为弯曲空间。同时，任何引力场都等效于一个加速度场，也就意味着任何存在引力场的空间都是弯曲空间。或者可以进一步说，引力场只是空间曲率的物理表现。

引力因质量产生并且由质量分布所决定，所以可以预见的是，每一点的空间曲率应该由质量的分布决定，并在接近重物体时达到最大值。描述弯曲空间性质及其与质量分布关系的数学逻辑是非常复杂的，也不是我们关注的重点。这里我只想说，这个曲率通常不是由 1 个，而是由 10 个不同的数字组成的度规张量（一种非对称、非退化的协变张量）所决定的，记作 $g_{\mu\nu}$，这个张量也可以理解为式（10）中经典物理引力势 $W$ 的推广。相应的，每一点的曲率由 10 个不同曲率半径组成的里奇张量 $R_{\mu\nu}$ 来描述，由此我们得到描述引力场的时空几何量曲率半径与作为引力场源的物质能量动量张量的方程——爱因斯坦场方程式：

$$R_{\mu\nu} - \frac{1}{2} g_{\mu\nu} R = -8\pi G T_{\mu\nu} \qquad （12）$$

其中，$R$ 是另一种曲率，是从里奇张量缩并而成的曲率标量，源项 $T_{\mu\nu}$ 是能动张量，表示物质分布和运动状况，G 是我们熟悉的万有引力常数。

这个方程已经在各种观测结果得到充分地验证。例如，人们研究离太阳最近的水星的运动时发现，它的轨道敏感地反映出爱因斯坦场方程的各个方面。轨道近日点（行星沿长椭圆轨道时最接近太阳的点）并不是固定不变的，而是每转一圈都有规律地改变其相对于太阳的方向。其进动（星体绕太阳每转一圈它的椭圆轨道的长轴也略有转动，长轴的转动，称为进动）有一部分来自其他行星引力场的扰动，另一部分则来自水星运动自身引起的质量增加（狭义相对论）。即使如此，还有每世纪 43 弧秒的微小残留，这一结果无法用旧的牛顿万有引力理论解释，却完美地符合广义相对论。

可以说，广义相对论最能解释我们在宇宙中实际看到的事物，是现如今最符合宇宙实际的引力理论。

这次交流马上就要结束了，在此之前，请允许我再分享两个关于方程（12）的有意思的结论：

首先，假如我们所考虑的是一个均匀空间——均匀地充满了质量，以宇宙为例，充满了恒星、星系和星系团，那么除了特定恒星或星系附近的局部大曲率外，由于所有质量的综合作用，空间应该具有一个整体曲率，其趋势应该是在大距离上均匀弯曲。从数学上说，方程（12）存在多种解，其中一些解类似于球体的闭合空间，有有限的体积；另一些解则是无限空间，类似于刚开始时提到的鞍面。

　　其次，这种弯曲空间应该始终处于膨胀或收缩状态。从物理学上说，这就意味着填充空间的物质（星系团）要么彼此远离，要么互相靠近。同时，方程（12）还表明，对于一个有限体积的封闭空间，膨胀和收缩循环往复，也就是说宇宙是脉动的；而对于无限的"类鞍形"空间，宇宙则将永远膨胀下去。

　　那么重点来了，我们所生活的空间究竟是数学上的哪种解呢？这个问题只能通过对星系团运动的观察来回答，再或者可以计算宇宙中存在的所有质量进而计算减速效应。就目前而言，天文学上的证据还不清楚、不充分。虽然我们现在处于空间膨胀的阶段，但这种膨胀是否会变成收缩？也就是说宇宙空间到底是有限的还是无限的？这一切还是个未知数。

# 5
# 闭合宇宙

在海滩旅馆的那天晚上，教授和他的女儿侃侃而谈，从宇宙讲到艺术，漫无边际。汤普金斯先生尽其所能时不时地加入进来，但大多数时候，他只喜欢观察和倾听。他显然被莫德迷住了，汤普金斯先生从未遇到过像她这样的人。但不久，他就困了，于是找了个借口爬上楼梯回到了自己的房间，迅速换上睡衣后，瘫倒在床上，用毯子蒙住头，蒙住自己疲惫而混沌的大脑。但他又睡不着，就这样躺在那里，有一个念头在脑海中浮现。

汤普金斯先生更感兴趣的是闭合宇宙——那种沿着一条直线从北极出发能到达南极的宇宙，至少这还是一个体积有限的宇宙——他根本无法想象一个无限大的开放宇宙。教授关于物质密度有临界值的推论似乎有点道理。因此，宇宙看起来更可能膨胀而不会有朝一日走向大收缩。但万一他错了呢？如果宇宙中存在的暗物质比他们所计算的要多得多呢？如果……

突然他觉得有点不舒服，思绪也相应地断了。他觉得自己不是躺在舒适的弹簧床上，而是躺在什么坚硬的东西上。他从毯子下露出头，这才惊讶地发现，旅馆消失了，自己居然躺在一块露天的石板上。

周围岩石上长满了青苔，几处石缝里甚至还长出了小灌木，些许微光从飞扬的尘土中透过，勉强照亮周遭的空间。空气中的灰尘比他任何时候见过的都要多，在那些描述美国中西部沙尘暴的电影中都不曾见过这么多灰尘。汤普金斯先生用手帕捂住鼻子，吸入灰尘可不是闹着玩的。

但是，灰尘还不是最危险的东西。一些如脑袋那么大、甚至更大的石块不时地从周围飞过，偶尔还有一两块撞到石板上。他还注意到，有一两个大约10米的大石块就在不远处飘浮着。

还有一件奇怪的事情，尽管自己尽力极目远眺，却仍然无法看到遥远的地平线。汤普金斯先生琢磨着要好好熟悉一下周围的环境，于是他试着开始在石板表面缓缓移动。因为岩石向下弯曲得很厉害，他不得不紧紧地抓住突出的边缘，生怕滑落下来。不过汤普金斯先生很快发现，虽然已经走到了一个非常陡峭的地方，陡峭得连毯子都看不见了，但丝毫没有要掉下去的感觉，仿佛有股神秘的力量把自己拉在岩石表面一样。因此，他不再小心翼翼，而是鼓起勇气向前爬去。最后，他估计自己可能都已经翻了个个，换句话说，应该是在起点的正下方，却仍然没有坠入布满灰尘的太空深渊。这时他才明白，自己才不是在什么岩石上，而是在一颗行星上，而飘浮的那些岩石无疑也是相似的小行星。

突然，他好像摸到了一个人的腿——那是一张熟悉的面庞——对，是教授，他正站在那里，忙着在笔记本上记录着观察结果。

"哦,是你呀!"教授漫不经心地说,"你在下面干什么?丢了什么东西吗?"

汤普金斯先生不好意思地松开手,然后小心翼翼地站起来。令他大为宽慰的是,自己不但没有掉到太空中去,甚至连一点儿飘的感觉也没有。他记得上学时老师说过,地球其实就是一块绕着太阳在太空中自由运动的球形大石头。所有的东西都被拉向它的中心,无论在地面什么地方,都不会有"掉下来"的危险,这个"新地球"的"行星"应该也是如此,当然,这颗行星如此渺小,只有他和教授两个人。

"晚上好,见到你真好。"

教授抬起头,目光暂时离开了笔记本,"这里没有晚上,没有太阳。"说完又低下了头看笔记本。

汤普金斯先生又有点不安了,好不容易在整个宇宙中遇见一个活人,他却全然沉寂在自己的思考里。无助之时,倒是有一颗小陨石帮了忙。一声巨响,石头砸在教授手里的笔记本上,笔记本径直飞向太空,远离了这颗小行星。"哦,天哪!"汤普金斯先生说,"我希望那个笔记本上没啥重要的东西,我可不觉得咱们的引力能把它拉回来。"在他们的注视下,笔记本飞进遥远的空间深处,变得越来越小。

"别担心,"教授淡定地回答,"我们现在所处的空间并不是无限延伸的。你在学校里学到的空间是无限的,两条平行线永远不会相交。当然,正常的宇宙也确实非常大,即使目前所知的直径也已经达到了 10000000000000000000 千米，至少在大多数情况下，这就相当于是无限的。如果我把书丢在那里，即使假设它是一个闭合宇宙也要花很长时间才能找回来。然而，这里的情况就大不相同了。就在笔记本被撞出去之前，我已经算出这个空间的直径，尽管直径仍在不断扩大，不过目前只有 5 英里 ① 左右，我猜笔记本大概半小时内就能回来。"

"你是说这本笔记本会沿着一条直线做个环宇宙旅行吗？就像你上次说的从北极起飞那样……"

"……然后回到南极着陆？孺子可教也！正是这样。同样的事情也会发生在我的笔记本身上——除非它在行进过程中被其他石头击中，偏离了直线轨迹。"

"也就是说，这和我们这个小星球的引力把它拉回来没有关系喽？"

"当然，一点关系也没有。这颗行星的引力很小，我随便扔一下，笔记本都能成功逃逸。喏，拿着望远镜，看看你还能不能看见它。"

汤普金斯先生把双筒望远镜架在眼睛前，透过朦胧的尘埃，他看到教授的笔记本正在太空中越飞越远。在那遥远的地方，所有的东西都是粉红色的，笔记本也概莫能外，这让他吃惊不已。不仅如此，他兴奋地喊道，"你的笔记本已经在往回飞了，没错！没错！它越来越大了！"

---

① 1 英里等于 1609.344 米。　　　　　　　　　　　　　　　　　——译者注

"不，不，它还在往远处飞去，把望远镜给我！"教授拿回望远镜，聚精会神地看着，"喏！就像我说的，笔记本其实仍然在离我们远去，你看到所谓的笔记本变得越来越大就觉得它在回来一样，其实是由于封合的球形空间对光线的特殊聚焦效应。"

他放下望远镜，挠了挠自己白发苍苍的头，"怎么说呢？假定我们在地球上的话，因为大气折射的作用，平行于地平线水平方向的光线可以一直沿着地球的曲面运动。这种情况下，如果一个运动员要从我们身边跑开，不管她跑多远，我们都可以用高倍望远镜看到她。想象一下，你抱着一个地球仪，会看到地球表面那些最直的'直线'——子午线——首先从一极发散出来，但经过赤道后，开始向另一极汇合。如果光线沿着子午线传播而你正好在极点，你会看到离你远去的人人影越来越小，直到她穿过赤道，然后人影就会变得越来越大，你感觉她在归来，其实她仍在远去。一旦她到达对面的极点，你会看到她就像站在你的身边一样。当然，你无法触碰到她，就像你无法触碰到由球状镜子形成的影像一样。

"现在你明白了，"教授继续说，"光线在我们所处的这个闭合三维空间中的行为，其实与我刚才说的光在地球二维球面上的传播别无二致。不信你瞧，我们笔记本的像马上就会来了！"

就在他说这话的时候，"笔记本"仿佛已经就在几码之外，而且越来越近。然后，它大到不再需要用双筒望远镜就能看到。然而，它看起来是那么的奇怪，轮廓模糊不清，就像被水泡过一样，甚至连封面上的字迹都几乎认不出来，整个笔记本看起来就像张拍糊的照片。

"现在可以看到，这只是一个像——不是真的笔记本。穿越了半个宇宙的光让它变得有点面目全非，如果你仔细看就能够注意到，我们甚至可以透过书页看到笔记本后面的其他行星。"

汤普金斯先生伸出手，试图抓住那本飞驰而过的"笔记本"，但他的手只是穿过了那个像，没有遇到任何阻力。

"不对、不对，"教授有点自责地纠正道，"真正的笔记本现在非常接近宇宙的另一端，我说过，你在这里看到的只是一个像，实际上是它的两张图像。第二个像就在你身后，两个像重合的瞬间，就是真正的笔记本正好处于宇宙另一极的时刻。"

汤普金斯先生并没有听见教授这番话，他已经陷入了沉思，努力回忆着初等光学中物体是如何通过凹面镜和透镜成像的。不一会儿，他终于回过神来，不过两个像都已经朝另一个方向远去了。

"所有这些奇怪的效应都是宇宙中的物质造成的吗？"

"完全正确。我们所处的这个小行星使附近的空间弯曲，这也是我们始终被拉在它表面的原因。但更重要的是，这颗行星的引力与宇宙中所有其他质量的引力结合在一起，产生了整体曲率，整体曲率进一步形成透镜效应。事实上，在广义相对论中，人们完全不谈引力，只需要用纯粹的数学也就是几何曲率来考虑问题。"

"那么，如果没有物质，我在学校里所学的那种几何学还对不对呢？平行线是不是永远不会相交？"

"没错，不过，那时我们也没法验证这个假设了。"

与此同时，笔记本的像已经沿着最初的方向飞得越来越远，并开始第二次返回。它的受损程度比以前更严重了，几乎已经认不出来了。据教授说，这是因为这一次光线是环绕了宇宙一整圈才到这里。

"如果我们突然转到我们星球的另一边……"教授又说到，边说边抓住汤普金斯先生的胳膊带着他走到了另一边。"在那儿，"他指着相反的方向说，"你能看到吗？我的笔记本回来了，它即将完成环绕宇宙的旅程。"教授得意地咧嘴一笑，伸出手，抓住那本书，塞进口袋里。"这个宇宙的问题是，周围有太多的尘埃和石头，几乎不可能看到整个世界。不知道你注意到周围这些不成形的影子没有，它们很可能是我们自己和周围物体的图像，只是被尘埃和不规则的空间曲率扭曲得太厉害了，我甚至分不清哪个是哪个。"

"同样的效应也会发生在我们曾经生活的那个正常宇宙吗？"汤普金斯先生问。

"可能不会——如果我们关于临界密度的观点是正确的，那就不会。但是……"教授眨眨眼，继续补充，"你必须承认，把这类事情想清楚还是很有趣的，对吧？"

这时，天空的变化已经肉眼可见：周围的灰尘似乎少了一些，汤普金斯先生可以把盖在脸上的手帕取下来。飞过的小石块也少了很多，撞击到行星表面的能量更低了。不仅如此，其他行星现在已经飘得更远了，几乎看不见了。

"好吧，我必须说生活好多了，"汤普金斯先生评论道，"只是天气变得有些冷了。"他拿起毯子把自己裹起来。"你能解释一下我们周围的变化吗？"他转向教授问道。

"显而易见，咱们的小宇宙正在迅速膨胀，自从我们来到这里，宇宙半径已经从 5 英里增加到大约 100 英里。我一到这里就从远处物体的变红中注意到了这个膨胀。"

"啊哈！我确实注意到远处所有的东西都是粉红色的，但这和膨胀又有什么关系呢？"

"这个不难理解，当救护车靠近时警笛声听起来很高，但当救护车经过你身边后，警笛声就会低得多。这就是所谓的多普勒效应：音高或声音的频率与声源的速度相关。当整个空间都在膨胀时，其中的每个物体都在以与其到观察者的距离成正比的速度移动。因此，这种物体发出的光的频率较低，在光学上对应较红的光。物体离我们越远，它移动的速度就越快，在我们看来就越红。正常的宇宙也在膨胀，这种变红，或者我们所说的宇宙学红移，让天文学家可以估算出非常遥远的星系距离。例如，最近的星系之一——仙女座星系显示出 0.05% 的红色，也就相当于光在 80 万年内所能走过的距离。但也有一些星系，在目前望远镜的能力范围内，呈现出约 500% 的红色，对应的距离约为 10 亿光年（光年，是指光在一年内走过的距离）。当宇宙还不到现在的五分之一大小时，就发出了这样的光，而目前宇宙的扩张速度约为每年 0.00000001%。不过我们这里的小宇宙增长要快得多，大约每分钟增长 1%。"

"宇宙的膨胀会停止吗？"

"当然会的。上一讲时我说过，这样一个闭合宇宙会导致膨胀最终停止，然后进入收缩阶段。对于这么小的一个宇宙来说，我估计膨胀不会超过两个小时。"

"两个小时？那就意味着我们很快就会……"他的声音有点颤抖，甚至听不见了。

"是的，我认为由于现在就在最大的膨胀状态，所以才会这么冷。"

事实上，充满宇宙的热辐射现在却分布在一个非常大的体积上，只给他们的星球提供了很少的热量，温度已经降至冰点附近。

"我们算是幸运的，即使在这个膨胀阶段也有足够的辐射提供一些热量，"教授补充说，"否则我们的星球会变得非常冷，岩石周围的空气会凝结成液体，我们会被冻死。"

他又一次聚精会神地用双筒望远镜看了看。好像在等什么，过了一会儿开口说，"收缩已经开始，很快就会暖和起来的。"

教授把望远镜递给汤普金斯先生，汤普金斯先生拿起它望向天空，他注意到远处所有的物体颜色都从粉红色变成了蓝色。按照教授的说法，这是因为所有的恒星都开始向他们移动，那些蓝移① 应该就是教授比喻过的车辆驶近时汽笛的高音。

汤普金斯先生一边搓着身子取暖，一边说："好吧，等它再热

---

① 蓝移也称蓝位移，与红移相对。一个移动的发射源在向观测者接近时，所发射的电磁波（例如光波）频率会向电磁频谱的蓝色端移动，也就是频率升高，波长缩短。
　　　　　　　　　　　　　　　　　　　　　　　　——译者注

起来，我就高兴了。"但这时他突然觉得有点不对劲，便又急切地转向教授。"如果现在万物都在收缩，那岂不是宇宙中所有的大石头很快就会聚集到一起，我们就会被挤在它们中间吗？"

"你终于明白了，别担心。想想看，在那发生之前，温度会升得很高，我们会蒸发掉！不过杞人忧天显然无济于事，我建议你还是躺平吧，能看多久就看多久！"

"噢，我的天！即使只穿着睡衣，我已经开始觉得热了。"

没过多久，热空气就变得让人受不了了。灰尘在他周围堆积起来，变得非常浓稠，他觉得自己好像被呛住了。汤普金斯先生挣扎着从毯子上挣脱出来，突然，他的头暴露在凉爽的空气中，他深吸了一口气。

"发生了什么？"他对教授喊道，却发现他的同伴已经不在身边了。不过，在早晨昏暗的光线下，他认出了这是旅馆的卧室。汤普金斯先生如释重负地呼了口气，掀开毯子——经历了一个不眠之夜之后，毯子已经缠在一起了。

"谢天谢地，我们的宇宙还在膨胀！"他咕哝着朝浴室走去，"可能这就是所谓的死里逃生<sup>①</sup>吧！"汤普金斯先生一边想，一边伸手拿剃刀把胡子刮了个干净。

---

① "close shave"意为"侥幸的脱险；差一点发生的意外"。　　——译者注

# 6
# 黑洞、热寂与喷灯

"应该就是这里了！"

汤普金斯先生一边看着莫德给的地图，一边自言自语。大门上没有任何标记，也不知道是不是诺顿农场。车道尽头倒是有一座住宅，墙上爬满了绿藤。花坛边一个人正蹲着清除杂草，汤普金斯先生还想上去问问，走近才发现正是莫德。两人彼此亲切地互相问好。

"堪称豪宅！"汤普金斯先生明显有点儿羡慕，"没想到画家收入如此之高，不过这么高的阁楼会不会有点儿高处不胜寒，反而影响你的创作呢？"

莫德反应了一会儿，才大声笑了出来，"哪有那么好的事儿，我倒希望如此，可惜这个农场已经被分成好几块了。诺顿家族离开以后，这里就被分成好几个单元，我只有那一小部分。"她边说边指了指不久才扩建的一座小屋。

"请进吧，随便一点，跟自己家一样。"

等待水烧开的过程中，莫德带他看了看自己小而精致的房子，然后在沙发上坐下，各煮了一杯咖啡，拿了点饼干。

"你觉得昨天晚上那幕歌剧怎么样？"

"十分有趣！虽然没有完全明白，不过我很喜欢！谢谢你的建议。只是……"

"只是什么？"

"没什么！就是觉得稳态理论有点儿瘆人，听起来它好像更加平易近人！"

"嘘！可别让我爸听到你这么说！学校费了老鼻子劲儿才说服他同意这场演出。他不愿意学生们被弄糊涂，所有科学必须建立在实验而不是美学基础上，为此我爸可没少费工夫。不管一种理论怎样吸引你，只要实验证明是错的，就必须舍弃！"

"反对稳态理论的论据真的那么有说服力吗？"

"当然，所有证据都支持大爆炸理论。首先，我们知道宇宙的确随着时间的推移而改变，这一点肉眼可见！"

"我们真的看到了吗？"

"是的。你要记住，光的速度是有限的，它从遥远的天体传到我们这里也要花一些时间，所以当你瞭望星空时，实际上只不过是在追忆过往！举个例子来说，太阳发出的光要花8分钟才能到这里，所以窗外的太阳只是它8分钟以前的模样。而对于像仙女座星系那些更为遥远的天体，情况就更是如此。你一定曾经在各种天文学著作中看到过仙女座星系，不过那里距离我们有100万光年，照片上看到的当然也就是它100万年前的样子。"

"你想说明什么呢？"

"我想说的是，据马丁·赖尔（Martin Ryle）发现，空间中观测到的距离越远，一定体积内天体的数量越多。这种结果也可以描述为宇宙确实随着时间的推移变得日渐稀松。这正好是大爆炸理论预料的结果——宇宙在过去要比现在更密实一些。"

"好像昨天歌剧中最后提到过这一点，对吗？"

"正是如此，除此之外，我们还知道星系自身的性质也会随着时间而改变。曾经的一段时间里，也就是大爆炸后不久星系刚刚形成的时候，它们燃烧发出的光要比现在亮得多，我们管这种状态叫做类星体。目前观测到的类星体都在很遥远的地方，也就意味着它们属于非常遥远的过去，可能目前已经不存在了。这再一次证明了宇宙不是一成不变的。"

"我开始被你说服了。"

"还没有说完呢，就拿原初原子核丰度来说吧……"

"那又是什么？"

"就是大爆炸后各种不同粒子的比例，你知道的，在大爆炸早期阶段，所有的东西温度都很高，它们随机高速运动，彼此激烈碰撞。那时宇宙中只有中子和质子等亚原子核粒子、电子及其他基本粒子。然后不久，中子和质子聚合在一起，形成了第一个原子核，不过很快在频繁的碰撞中第一个原子核又被击碎了。再后来，随着宇宙的膨胀和冷却，碰撞频率越来越低，烈度也越来越小，只有这时新形成的原子核才可能存在下去，也才有了原初核合成——对，物理学家就是这么叫的。

"不过，这个过程不能无休止地进行下去，原子核吸收中子和质子的过程也是一个同时间赛跑的过程。随着时间的推移，温度不断降低，也就意味着粒子能量终将小到不足以发生聚变。再加上宇宙不断膨胀，密度不断减小，碰撞的次数也越来越少，这些都将导致核反应无法继续发生，重原子核的混合物也就不再发生变化了。科学家们把这种混合物称为冻结混合物，而原子核的混合比例也就决定了最终形成的不同类型原子的混合比例。

"这一点就很有意思了，这就是说如果我们知道今天宇宙中的物质密度有多大，就可以计算出过去任何一个阶段尤其是原初核合成时期应有的密度值，并从理论上推算出冻结混合物应该是什么样的，计算结果显示，冻结混合物中有 77% 是最轻的氢，23% 是次轻的氦，而较重的原子核微乎其微，这与今天星际气体的原子丰度几乎完全一致。"

"好吧！你赢了！大爆炸理论胜利了！"

"我可还没拿出杀手锏呢！"莫德这时变得越来越兴奋。

"你说话开始像你父亲啦！"

莫德没理睬他，继续往下说，"我要说的是宇宙微波背景辐射。既然大爆炸瞬间温度极高，整个宇宙当时完全就是一个火球，就像原子弹爆炸时那样。那么问题来了，大爆炸发出的辐射如今到哪里去了？可以肯定的是它必定还在宇宙中的某个地方，而且因为冷却也不再是那种眩目的光了。到目前而言，辐射波长应该还在微波范围内，昨儿晚上歌剧中的伽莫夫曾经计算出，辐射波谱差不多对应 7K 左右的某个温度。好消息是，两名通信科学家彭齐亚斯（Arno A. Penzias）和威尔逊（Robert W. Wilson）偶然间发现了那个火球的残骸并且测得它的温度是 2.73K，这一结果与伽莫夫早先计算出的数值高度接近。"

汤普金斯先生陷入了沉思。莫德好奇地看着他，问道：

"怎么啦？服不服？"

"服了服了，那确实不错。谢谢你！但是……"

"但是什么？"

"刚刚我的头脑中出现了一幅画，画里只有氢、氦、电子和大爆炸产生的辐射，那么今天的世界又是怎么来的呢？比如太阳和地球、你和我……我们又不是什么氢和氦构成的吧？"

"你这问的可是 120 亿年的宇宙史啊！我该怎么解释呢？"

"3 分钟够了吧？"

"我试试吧！你准备好了吗？"

"等一等，"他对了对手表，"说吧！"

"大爆炸后的几分钟内，只有氢核、氦核和电子，再然后一切冷却下来，电子开始围绕着原子核旋转，便有了第一个原子。宇宙中开始充满密度非常均匀的气体，不过这种均匀中也存在极为微小的局部不均匀性。密度较大的地方就有了较大的万有引力，气体围绕着这些点开始聚集，聚集得越多，引力也就越强，结果就形成了一些彼此分开的气体云。

"而在每一个气体云内部，又会形成一些小小的、互相挤压的旋涡，在挤压作用下，温度不断上升并最终达到临界温度，引发了核聚变，恒星应运而生。又过了大约 10 亿年，也许是先有星系后分裂成许许多多恒星，也许是先形成恒星后聚集成星系，总之形成了各种各样的星系。

"恒星上不断进行着核聚变，这一过程不仅释放出能量，也逐渐产生了较重的原子核，最重要的就是原本的氢和聚变形成的碳，两者都是地球和我们的身体所必需的元素。再然后，恒星上的核燃料终于耗尽，这个过程一般都很长，比如像太阳这样中等大小的恒星大约可以烧 100 亿年。

"年长的、一般质量的恒星先发生膨胀变成红巨星（恒星燃烧到后期所经历的一个较短的不稳定阶段），紧接着又收缩成白矮星（低光度、高密度、高温度的恒星），最后慢慢凝固成冰冷的石头。质量更大的则会以超新星爆发的形式很快结束自己的一生，不过这种爆发也随之喷散出新合成的重原子核，这些原子核与星际气体混合在一起，聚集形成第二代恒星或者地球这样的多岩石行星。再然后就是你知道的进化论，所以说咱们生于星际尘埃也不为过。"

莫德突然停了下来，"花了多少时间了？"

汤普金斯先生笑嘻嘻地说："不多，只花了两分钟……"

"好极了！这就是说，那还有一分钟可以谈谈黑洞。"

"黑洞？"

"对，黑洞。质量大的恒星爆炸就变成了黑洞，它们在爆发中会喷射出某些物质，不过更多的却会坍缩形成黑洞。"

"虽然我听过'黑洞'这个词，不过它究竟是什么呢？"

"黑洞就是万有引力很大的东西，大到任何物体都不能逃脱
它的吸引，因为恒星的全部物质都坍缩成了一点。"

"一点？你说的是几何上的那种点吗？"

"是的！这个点没有体积，却集中了所有的物质，在周围形
成一个无穷大的引力场。不管什么东西，都是有来无回，光线也
不例外！'黑洞'之名也因此而来。"

"太奇怪了！那黑洞后面有什么呢？"

"后面？谁知道呢？肯定什么也没有吧！落入黑洞的东西全
部都停留在黑洞的中心。说起来还真有人提出一些好玩的想法，
说有什么别的宇宙，咱们宇宙的黑洞和那个宇宙的'白洞'通过
某种隧道连接，然后这边吸进去的东西那边就能喷出来，不过这
完全就是毫无根据的臆测了。"

"那黑洞确实存在吗？"

"千真万确。不但有老年恒星坍缩形成的黑洞，而且星系的
中心同样也有黑洞，当然那可能是已经吃了数百万颗恒星的老黑
洞了！"

汤普金斯先生看着莫德，脸上充满了敬佩的微笑。

"你干吗这样看着我？"

"没什么。就是想知道你在地球上怎么会懂得这一切？"

莫德谦虚地耸耸肩，朝一书架的科普杂志点点头，"我不知
道，应该大部分来自那里吧！"

"还有最后一个问题，'爱因斯坦'小姐！然后呢？将来宇宙
会怎么样呢？你的父亲说过，宇宙会不断膨胀下去，但膨胀速度

会逐渐减慢，并在未来的某一天停止。"

"根据暴胀理论，如果宇宙符合临界密度值的话是这样的。到那时，所有核燃料全部耗尽，恒星们都走到生命的尽头并被吸入各自星系中心的黑洞，宇宙也就随之冷却，生命也就随之终结，科学家们把这种状态叫作宇宙的热寂。"

"我可不喜欢听到这个。"

"不好意思！没想到你这么害怕，真不该和你说这些。不过那是猴年马月的事情，咱们都已经是一抔黄土了！算了，不说这个了，聊点别的？"

"见笑了，你觉得我怎么样？"

"挺好的，而且你已经尽力了！不过下星期我大概就不能帮你的忙了。"

"下星期？下星期怎么了？"

"我爸下一次要讲量子理论。好像是吧？"

"是的，我记着呢！"

"遗憾的是，我从来就没搞懂过量子理论，所以你只能靠你自己了！现在该聊聊我的画了，你真的想看？"

"你的作品？当然想看啦！工作室离这里很远吗？"

"不远！穿过前面的庭院就到！在这里一间废弃的旧仓库，我在诺顿安家很大程度上都是因为它，想要的不是房子，而是那间仓库。"

莫德的工作室对汤普金斯先生来说完全就是个仙境，他从来没有见过这样的东西，裱起来挂在墙上的绝对不只是什么绘画，石膏、木头、金属管、石板、鹅卵石、锡罐……各种各样的物品巧夺天工地组合在一起，怎一个赏心悦目了得！

"太妙了！实在太妙了。我不敢说我真懂，但我真的太喜欢这些了！"汤普金斯先生先是有点吞吞吐吐，却特意加强了语气。

"你着魔了！艺术又不是物理学，不用理解，用心感受就好！"

汤普金斯先生站在一幅作品前面，默默地注视了良久，才鼓起勇气说了些不知道算不算评论的话，"你是说要走进作品里？身临其境地发生相互作用？只有把自己的某种东西融入作品中，才能感受到艺术的灵魂？"

莫德耸耸肩，不置可否，"这是我最近的作品。你看到了什么？"

"这个吗？一个海滩和海水冲到沙滩上的物事，沧海桑田、饱经风霜！每一件物事都写满故事，因为偶然的机遇相汇于同一片时空！"

莫德亲切地看着他，是一种汤普金斯先生以前从没注意过的目光，他瞬间觉得自己有点儿太蠢了。

"抱歉。好像说的都是废话，应该是看了太多展览目录——在城里工作的好处之一就是，总有机会午休时参观画廊和艺术展览。我喜欢艺术，至少有那么一丢丢，毕竟不能让自己太落伍。"

莫德又笑了。

汤普金斯先生指着嵌在灰泥里的一些烧焦了的木头，"告诉我，你是怎么弄出这种风吹火燎的效果的？看起来就像是从火灾中抢救出来的。"

她调皮地看了他一眼，"我可以做给你看，不过你自己可要当心一点。"

　　说着，莫德划了一根火柴，点燃了旁边桌子上的一台喷灯。她拿起喷灯，对着一幅画喷出熊熊烈火。没过多久，木头部分就发出红光，再然后整个工作室都开始烟雾缭绕。汤普金斯先生惊慌地后退了几步，扭开门把手，好让烟雾散出去。透过烟雾，他也沉醉了，对面是莫德沉醉的全神贯注的脸庞！

　　汤普金斯先生意识到，自己恋爱了！

# 7

# 宇宙歌剧

———————————

时光如白驹过隙，转眼间，假期就要结束了。这是汤普金斯先生和莫德在海边沙滩上的最后一次散步。汤普金斯先生一直在想，他们见面真的只有一个星期吗？虽然一开始他很紧张，因为生性害羞不敢和莫德说话，不过现在他们彼此已经很熟悉了，无话不谈。汤普金斯先生惊异于莫德广泛的兴趣爱好，不仅如此，他还注意到，她和他在一起时似乎也很快乐。

他想不出这是为什么，倒是有一次教授无意中说，他的女儿过去常常闷闷不乐，虽然莫德也曾经充满了雄心壮志，不过突然间有一天，这些她都不在乎了。也许她只是觉得和他在一起很安全——虽然单调却是那么的无忧无虑。

他抬头望着银河，"我得说，你父亲为我打开了一个全新的世界。遗憾的是，大多数人似乎都没有意识到这个世界是多么的不同寻常。"

他捡起一把小鹅卵石，慵懒地瞄准露出水面的一块岩石，然后飞快地瞥了她一眼，"为什么不给我看看你的素描？"

"我已经告诉过你。现在还不适合给别人看，目前只是一些构思草图——只是想法，如此而已。我想通过绘画捕捉关于这个地方的感觉，而这些对你来说毫无意义。只有当我回到工作室开始创作时，才会出现一些东西——当然也可能没有，要看到时候的情况。"

"那么，我们回去以后，哪天我能去看看你的画室吗？"

"当然，你不来的话我倒是会很失望的。"

说着他们已经回到旅馆。汤普金斯先生点了饮料，和莫德最后一次坐在露台上望着大海。

"你父亲告诉我，曾经有一段时间，你很适合从事物理工作。"

"哦？我可不会这么说，这明显是他的一厢情愿，他就希望我研究那个。"

"但你的物理很好，不是吗？"

莫德耸了耸肩不以为然，"你可以这么说。"

"那为什么？"

"为什么？"她若有所思地重复道，"我不知道。我想是因为叛逆吧！而且，在那个年代，一个女孩对科学表现出兴趣可不是那么容易被接受的事情，或许生物还行，但物理不行，同辈压力之类的。现在不一样了——至少，现在不像当时那么糟糕。"

"可怎么过了这么久，你怎么还懂那么多物理呢？"

"我不知道。很久以前就忘记了。不过天文学和宇宙学是例外，我一直努力跟着。这倒提醒了我……"莫德饶有兴趣地看着汤普金斯先生。

"提醒你什么？"

"想带我去看歌剧吗？"

"歌剧？什么……什么意思？歌剧跟这事有什么关系？"

"啊哈！不是真正的歌剧，是很久以前爸爸那个系里的一个人写的，业余创作①，关于大爆炸理论和稳态理论的……"

"稳态理论？那又是什么？"

"稳态理论说宇宙不是从大爆炸开始的……"

"但我们知道它是从大爆炸开始的呀。你父亲告诉过我关于宇宙膨胀的一切——大爆炸之后，所有的星系仍在分崩离析。"

"对，不过这个证明不了什么。有一些物理学家，像弗雷德·霍伊尔（Fred Hoyle）、赫尔曼·邦迪（Hermann Bondi）和汤米·戈尔德（Tommy Gold），他们就认为宇宙可以不断地自我更新。星系移动得越快，留下的空间就会产生新的物质。这些物质聚集在一起，形成了新的恒星和星系，而这些恒星和星系又各自分开，为更多的物质腾出空间，如此循环往复。"

"那么，这一切的起源又是什么呢？"汤普金斯先生问道，他对这个问题显然很感兴趣。

"这个理论中没有宇宙起源一说。这种情况一直都在发生，而且会一直持续下去。这是一个没有开始也没有结束的世界。这就是为什么它被称为稳态理论，在这个理论中宇宙在任何时候本质上看起来都是一样的。"

---

① 因此后续相应歌剧译者尽量以打油诗的形式呈现。　　　　——译者注

"嘿，我喜欢这个说法，它给人的感觉是正确的……你明白我的意思吗？不知为何，大爆炸理论的想法有点不太合我的心意。至少我们要问自己为什么它会发生在那个特定的时刻？为什么不是其他时刻呢？这似乎太……太随意了。我是说假如，假如现在还没有开始……"

"得了吧！快打住！不要太得意忘形，稳态理论早完蛋了，像渡渡鸟一样一去不复返了（Dead as a dodo）[①]。"

"哦？这又是为什么呢？他们这么肯定的吗？"

不过，还没等莫德来得及回答，教授就已经出现在旅馆门口，他提醒女儿第二天上午得早早动身回家。莫德不得不向汤普金斯先生告别，汤普金斯先生焦急地问道："可是，那幕歌剧怎么办呢？"

"周六晚上8点，物理大礼堂——就是你通常去听爸爸讲课的地方。物理系重演《宇宙之歌》，说是为了纪念稳态理论提出50周年，不过我觉得更多是为了娱乐。好啦，周六大礼堂见。"说完，她跟着父亲进了旅馆，在门口迅速回过头，给汤普金斯先生飞了一个顽皮的晚安吻。

演出那天，万人空巷，剧院里早已是人山人海。汤普金斯先生在教授和莫德旁边找到了自己的座位。刚一坐下，莫德就对他说："你最好赶紧看看节目单，要快，他们就要关灯了。别一会儿哪个角色是谁都分不清楚。"

汤普金斯先生迅速地扫了一遍门口工作人员递给他的复印单。

---

[①] "Dead as a dodo"意为"死了、完蛋了、早已过时了。" ——译者注

不过，也就刚刚看完背景说明，大礼堂就陷入了黑暗之中，六人管弦乐队挤在凸起的舞台一侧的小空间里，开始演奏序曲《骤然而至》(*precipite volissimevolmente*)。伴随着学生们热烈的掌声，讲台周围临时搭起的幕布徐徐拉开。每个人都立刻遮住眼睛，因为舞台上的灯光太亮了，亮到整个大礼堂都变成了灿烂的光的海洋。

"灯光师真是缺心眼！他会把整栋楼的保险丝都烧断的！"教授低声恶狠狠地嘀咕着，但事实并非如此。渐渐地，"大爆炸"的光散去，最后留下了一片黑暗，旋即变成一片片快速旋转的凯瑟琳车轮式焰火。可想而知，编剧估计是想用它们来代表大爆炸后某个时期形成的星系。

教授怒气冲冲地说："现在他们打算把这地方烧了，我真不该允许他们干这种荒唐事。"

莫德斜过身子拍拍教授的胳膊，提示他：那个"缺心眼的灯光师"其实正小心翼翼地站在舞台的角落里，手里还拿着一个灭火器，随时待命。与此同时，学生们像小孩子参加焰火晚会时那样，呜呜呀呀地叫了起来。少顷，一个穿着黑色长袍、带着牧师硬领的人走了进来，学生们这时才安静下来。汤普金斯先生想，这个人应该就是节目单上的阿贝·乔治·勒梅特（Abbé Georges Lemaître）——第一个提出宇宙膨胀大爆炸理论的人。

勒梅特带着浓重的口音唱起了他的咏叹调：

> 万物之本的宇宙之蛋！
> 无所不包的宇宙之蛋！

倏忽裂成无数的小碎片，

生长繁衍的星系，把你的能量分摊。


放射衰变的宇宙之蛋！

无所不包的宇宙之蛋！

宇宙之源，神之惊焕！


漫长的进化推演！

火球般的宇宙之蛋！

幻化成无数灰烬、无数碎片暗燃。


我们，在宇宙中心，看那星星飞散！

我们，在绞尽脑汁，想那瞬间灿烂！

宇宙之源，神之惊焕！


勒梅特神父在学生们的欢呼声中唱完咏叹调，听这热烈度他们大概率刚从酒吧过来。这时舞台上出现了一个高个子，按节目顺序来看，应该是定居美国的俄裔物理学家乔治·伽莫夫（George Gamow）。他走到舞台中央，缓缓唱起歌来：

勒梅特，

我完全同意！

宇宙膨胀迁移，

从它诞生伊始！

运动中生长，
不能更同意！
生长缘何物，
恕我问他机！

宇宙之蛋也，
乃中子流体。
流体恒久远，
万世相存续。

无边又无垠，
年光数十亿。
空间致密时，
坍缩归故一。

故一之时日，
时空最炫时。
万物缘光起，
万物归光气。

一吨光辐照，
一克物相依。
坍缩归故一，

物骤四散离。

光黯淡消逝，
年光又十亿。
物缓缓累积，
重又成第一。

琼斯假说里，
物有冷聚期，
气云渐分离，
原始成星系。

星系四散离，
漫漫夜空寂。
恒星成散起，
空间光陆离。

恒星燃贵己，
旋转永不已。
宇宙密度低，
光热终消迄。

接着轮到弗雷德·霍伊尔。他突然凭空出现在明亮的星系之间，从口袋里掏出一只凯瑟琳轮并将其点燃。凯瑟琳轮开始旋转，霍伊尔得意扬扬地将新生的星系高举在空中，唱起了他的咏叹调：

> 宇宙啊宇宙，
>
> 上天的道场！
>
> 不成于迷茫，
>
> 永久于未央！
>
> 邦迪、戈尔德和我，我们的宇宙！
>
> 不变的宇宙，把稳态理论公开宣扬！

> 老星系消亡，
>
> 退出了合唱！
>
> 一整个宇宙，
>
> 却依然如常！
>
> 邦迪、戈尔德和我，我们的宇宙！
>
> 不变的宇宙，把稳态理论公开宣扬！

> 新星系生成，
>
> 从无处登场！
>
> 过去将来长，
>
> 何必徒忧伤？
>
> 邦迪、戈尔德和我，我们的宇宙！
>
> 不变的宇宙，把稳态理论公开宣扬！

> 勒梅特、伽莫夫!
>
> 何必徒忧伤?
>
> 邦迪、戈尔德和我,我们的宇宙!
>
> 不变的宇宙,把稳态理论公开宣扬!

然而,就在霍伊尔放声歌唱的时候,人们不禁会注意到,尽管他对宇宙的永恒不变唱出了鼓舞人心的赞歌,但那些小小的"星系"现在大多都已经渐渐熄灭了。

于是,歌剧继续到最后一幕,全体演员齐声合唱了最后一段激动人心的合唱:

赖尔又朝霍伊尔唱道:

> 无谓的辛苦年华!
>
> 所谓的稳态哇哇,
>
> 在人海已成笑话。
>
> 巨型望远镜高挂,
>
> 你,希望已被抹杀,
>
> 你,信念水月镜花,
>
> 让我坦率说吧!
>
> 宇宙天天增大,
>
> 密度缓缓降下!

霍伊尔坚决回复：

> 勒梅特和伽莫夫的旧话重提，
>
> 可怜你居然没忘彻底。
>
> 宇宙之蛋、大爆炸理，
>
> 说来究竟有何裨益？
>
> 宇宙从来无所伊始，
>
> 宇宙将来亦无终迄！
>
> 邦迪、戈尔德和我的心意！
>
> 我们对这一点深信不疑。

赖尔加重了语气：

> 眼见才能为实！
>
> 看那遥远星系，
>
> 分布何其绵密。
>
> 一叶障目之理，
>
> 真是叫人生气！

霍伊尔亦强申稳态要义：

> 每一次朝阳升起，
>
> 每一个夜幕陆离，
>
> 总生着新的物质，
>
> 宇宙则永远如一。

赖尔换了不容置疑的口气，

> 别扯了，霍伊尔兄弟！
>
> 你败得如此彻底，
>
> 再坚持有何意义？
>
> 用不了多少时日，
>
> 你就知何为真理！

　　演出结束时，全场响起了雷鸣般的掌声、跺脚声，人们纷纷起立拍着自己的双手，堪比考文特花园最令人兴奋的夜晚。最终，临时的幕布缓缓合上，不管人们怎么呼叫也不再拉开。观众随后散去，年轻人则又纷纷回到了学生会的酒吧。

　　正要离开时，汤普金斯先生问莫德："莫德，明天有什么特别的安排吗？"

　　"没有，如果你愿意，可以来我家喝杯咖啡。11 点，不见不散？"

# 8
# 量子斯诺克

新的讲座要开始了，不过这次的听众不像系列讲座开始时那么多了，显然有相当多的人坚持不下去了。汤普金斯先生坐在那里等待着，他想起了莫德关于学习量子理论有多难的评论，他有些焦虑自己该怎么办，不过最终下定决心，如果可能的话一定要掌握它。汤普金斯先生甚至希望有朝一日可以就量子物理对莫德指点一二。

想着想着，教授进来了……

女士们，先生们：

前两节课中，我们介绍了物理速度的上限，以及它如何帮助我们重构了那些 19 世纪关于空间和时间的一切。

然而，对物理学的批判性分析并没有止步于此，还有更惊人的发现和结论在等着我们。我指的是量子理论，一个新的物理学分支。这与空间和时间本身的性质不太相关，却与物质在空间和时间中发生的相互作用和运动密切相关。

在经典物理学中，人们总认为任意两个物理物体之间的相互作用可以根据实验条件变得尽可能小，并且在必要时降到零。例如，假设我们的目的是研究在某一过程中产生的热量，人们担心使用温度计会带走一些热量，从而干扰实验结果。不过实验人员确信，使用更小的温度计或非常小的热电偶，可以把这种干扰降低到精度需要的范围。

从原理上说，任何物理过程都可以以任意被要求的精度被观察到，观察过程不会影响物理过程，人们是如此笃信这一理念，以至从来没有人质疑过，甚至想都没有想过这样一个问题。然而，20 世纪初以来积累了大量的新实验事实，让物理学家大惑不解：情况要复杂得多。事实上，自然界中存在着一个相互作用的下限，这个下限永远不能降低。对于我们在日常生活中熟悉的大多数过程来说，这种精度的自然极限是可以忽略不计的。然而，当涉及原子和分子这样微小粒子的相互作用时，却着实变得异常重要。

1900 年，德国物理学家马克斯·普朗克（Max Planck）在研究物质和辐射之间的平衡条件时，得出了一个令人惊讶的结论：如果物质和辐射之间的相互作用像人们一直认为的那样持续发生，那么这种平衡是不可能的。普朗克提出能量是通过一系列独立的"冲击"在物质和辐射之间传递的，在每一种基本相互作用中都传递了一定数量的能量。为了得到期望的平衡，并与实验事实达成一致，有必要引入一个简单的数学关系，即每次冲击中传递的能量与负责传递能量辐射的频率成正比。

这样，普朗克把比例系数记作符号 h，接受了能量转移的最小部分的存在，并将其称之为"量子"，如式（13）所示：

$$E = hf \qquad (13)$$

其中 $f$ 表示辐射的频率，常数 h 的数值为 $6.6 \times 10^{-34}$ 焦·秒，h 通常被称为普朗克常数或量子常数。你知道 $10^{-34}$ 意味着什么，对，就是 1/10000000000000000000000000000000000。

这里分母上有 34 个 0，因此普朗克常数是个非常非常小的值，这也是量子现象在日常生活中通常无法被观察到的原因。

普朗克的这种想法后来进一步被爱因斯坦发扬光大，爱因斯坦断言：辐射不仅以"能量包"的形式辐射能量，而且这些"能量包"将始终以与粒子相同的局部方式将能量转移到物质中。换句话说，每个"能量包"都是完整的——它不会像之前假设的那样将能量分散到一个广阔的区域。这些"能量包"被称为"光量子"，或光子。

除了能量 $hf$ 外，光子在运动时还应具有一定的动量。相对论力学告诉我们，光子的动量应该等于它们的能量除以光速 $c$。而光的频率与波长 $\lambda$ 有关，通过 $f = c/\lambda$，我们可以得到光子的动量如式（14）所示：

$$p = hf/c = h/\lambda \qquad (14)$$

也就是说，波长越长，光子的动量越小。

美国物理学家亚瑟·康普顿（Arthur Compton）已经通过实验证明了光量子及其能量和动量的关系。通过研究光和电子之间的相互作用，他断言：一束光引起的电子运动，就像它们被一个粒子击中一样，这个粒子的能量和动量由式（13）和式（14）给出。而光子本身与电子碰撞后，也会发生变化，尤其体现在光子的频率上，实验结果与理论预测非常一致。

由此可见，就与物质的相互作用而言，电磁辐射（比如光）的量子特性不仅是一种理论，也已经是确定的实验事实。

量子理论的进一步发展要归功于丹麦物理学家尼尔斯·玻尔（Niels Bohr）。1913 年，玻尔提出任何力学系统内部的运动只能通过有限的阶跃改变，这种改变必然伴随着离散能量的释放或吸收，而这种离散的能量等于两个能级之间的能量差。玻尔在观察氢原子辐射谱线时得出了这一结论，他发现氢原子发生辐射时，产生的光谱并不是连续的，而是只包含某些频率，是一个"线谱"。也就是说，根据式（13），只能释放一定的能量值。这个不难理解，但前提是玻尔关于能级的假设是正确的，也就是说原子的不同能量状态对应于电子的不同运行轨道。

定义力学系统各种可能状态的数学规则比辐射要复杂得多，我们在这里不做过多讨论。简而言之，当描述一个粒子（比如电子）的运动时，在某些情况下有必要考虑它其实是一种波。通过对原子结构的理论研究，法国物理学家路易·德布罗意（Louis de Broglie）首先提出"波粒二象性"。德布罗意指出，当一种波在一个有限的空间里传播时，比如管风琴里的声波，或者说小提琴弦的振动，这些波必须"适应"有限空间的大小，也就产生我们所谓的"驻波"。德布罗意据此进一步认为，如果原子中的电子与波有关，那么由于波被限制在原子核附近，电子波的波长只能

取驻波所允许的离散值。此外，可以用一个类似于式（14）的方程把上述的波长同电子的动量联系起来，即，

$$p_{粒子} = h / \lambda \qquad (15)$$

驻波波长是离散值，相应的电子的动量、能量也必然是一组离散的值，这也就很好地解释了原子中的电子只能处在特定的能级上，并根据能级的差值跃迁产生相应的辐射线谱。

接下来的几年里，大量的实验都表明了物质粒子运动的确存在波动特性。人们发现，一束电子通过一个小孔会发生衍射，甚至像分子这样相对较大和复杂的粒子也会发生干涉现象。这些都是经典力学无法解释的现象，甚至德布罗意自己也不得不提出一个十分奇怪的观点：粒子总是由某种波"伴随"着，就是这种波在"指挥"着粒子的运动。

由于常数 h 的值非常小，物质粒子的波长也非常小——即使对当时最轻的基本粒子电子来说也是如此。我们知道，当波长比孔径小得多时，衍射效应可以忽略不计，这就是为什么足球飞进球门时不会因为衍射而改变方向。只有在原子和分子内部很小的区域中，粒子的波动性才变得异常重要，在这里，粒子的波动性对物质内部结构起着至关重要的作用。

詹姆斯·弗兰克（James Franck）和古斯塔夫·赫兹（Gustav Hertz）用实验证实了上述猜想，他们用不同能量的电子轰击原子，发现只有当能量达到某个离散值时，原子状态才会发生明显变化，而如果能量低于这些数值，则不论能量如何累计原子始终

不受影响——因为每个电子所携带的能量不足以使原子从低能级
量子态跃迁至高能级量子态。

那么，我们如何看待这些与经典力学相悖的新现象呢？

经典理论中，在任何给定时刻，质点在空间中都有一定的位
移，并具有一定的速度，两者共同表征其沿轨迹的位移随时间的
变化。位移、速度和轨迹等我们耳熟能详的经验性基础概念共同
构建了整个经典力学大厦的根基，我们一度奉之为圭臬。但正如
我们先前的时空观一样，一旦实验精度扩展到新的未知领域，常
识的颠覆只是时间问题。

试问，为什么你认为一个运动的粒子会在任何给定时刻占据
某个位置，并且随着时间的推移形成一条被称为轨迹的线呢？你
可能会回答："我看到了啊！"那么事实真的如此吗？我们分析一
下，想象一个物理学家带着灵敏的仪器，正在追踪一个从实验室
墙上扔出来的小物的运动。她想通过"观察"确定物体是如何运
动的，首先，要看到运动的物体，必须照亮它，但由于有光就会
有光压并进而影响物体的运动状态，所以她决定只在观察瞬间照
明。第一次实验中，她只希望观察轨迹上的 10 个点，她选择了
非常弱的手电筒光源，弱到 10 次照射的总光压不会影响"观察"
精度，于是在物体下落的过程中让光源闪亮了 10 次，然后她记
录轨迹上的 10 个点。

她还不满足，想改进实验得到更精确的轨迹——用 100 个点。
因为更多的照明会加大对运动的干扰，所以在第二次实验中，她
选择了光照强度为第一次实验 1/10 的手电筒。同样的，在第三次

实验中，为了得到 1000 个点，手电筒的亮度进一步被调至第一次实验的 1/100。以此类推，不断降低光照强度，可以在确保相应的干扰误差满足"观察"精度的情况下，在轨迹上得到想要的任意多点。理论上讲，从经典物理的角度来看，这种高度理想化的实验确有可能，它代表了通过"观察运动的物体"来构建运动轨迹的严格逻辑方法。

但是，如果引入前面我们刚刚知道的量子约束，也就是任何一种辐射都只能通过光量子传递这一事实，又会发生什么？我们的观察者不断减少照亮运动物体的光照强度，但这总有一个限度——一个光子每次闪光的光照强度，这时所有的光子要么被吸收要么被完全反射回来，而前者我们根本无法观察到。

当然，实验者可能反驳说，根据式（14），只要使用更大波长的光，就可以减小光量子碰撞所产生的光压。为了尽可能增加观察点的数量，肯定会采用波长比较大的光来照明。不巧的是，这条路也并非畅通无阻。众所周知，当使用特定波长的光时，人们无法看到比所用波长更小的细节，就像我们谁也不能用油漆工的油漆刷子去画波斯工笔画一样。换句话说，使用的光波长越长，对每一个点的"观察"就越不准确。我们的物理学家很快会发现，每一点的估计都会由于波长太大而变得同整个实验室一样大。最终，她不得不在观察的数量和精度之间做出妥协。因此，她至多能大概得到一条一定宽度的、模模糊糊的轨迹带，却永远也不可能得到几何线一样的精确轨迹。

那么不用光学行不行？可以尝试，比如用纯机械的方法。假设我们的实验者可以设计一种非常精妙的机械记录装置，比如弹簧上的小铃铛，只要物体经过它们附近就会被记录下来。实验者在运动物体可能通过的空间中散布大量这样的"铃铛"——一方面按照需要把"铃铛"做得又小又灵敏，另一方面，"铃铛"无限多——通过"铃铛"的声音记录粒子运动的轨迹，需要多大精度都不是问题。可是，这还是经典物理学的一厢情愿，量子约束在机械系统中同样存在，"铃铛"和运动物体相互作用时遵守动量守恒定律，如果"铃铛"太小了，它们从运动物体获得的动量就会太大，反之亦然。对粒子来说，即使只击中一个"铃铛"，它的运动状态也会大不相同。那把"铃铛"做大一些可以吗？还是不行，这样引起的动量扰动倒是小了，但每一个位移的不确定性却又变大了，最后我们得到的只能是一条弥散的轨迹带。

我说这些可不是在启发大家研究确定轨迹的方法，我知道大家一定能想出更有建设性、更复杂的方法，然而我可以断言那依然无济于事。事实上，无论如何，任何测量方案都可以最终简化为上述两种方法中描述的基本要素，也必然产生最终的结论，由于量子约束的存在，精确的位移和轨迹无法同时确定。

讲到这里，汤普金斯先生已是昏昏欲睡，头已经耷拉下来，他依然努力睁着那双沉重的眼睛，试图强迫自己保持清醒，不过效果只有一瞬间，旁边的人看他猛地抬头、轻微地抽搐了一下，终于还是又垂头进入了梦乡。

在梦里，汤普金斯先生正好走过一家酒馆，便走进去点了一杯啤酒。正要找个座位坐下时，耳边传来了斯诺克球的声音。是的，他记得这家酒吧的后屋有一张斯诺克球桌，于是便走了进去。房间里的人穿着讲究，一边喝着酒，一边聊着天，一边等着轮到他们玩。汤普金斯先生走近桌子，开始观看比赛。

不过，他惊恐地发现自己有点看不懂了！正在打球的哥们把白球放在桌上，用球杆轻轻一推，对面的"三角形"就散开了——准确地说是"弥散"开了，随着球的移动，一个个斯诺克球变得越来越模糊。看起来，滚过桌子的不是一个球，而是一大堆球，影影绰绰交织在一起。汤普金斯先生以前也经常见到这种情况，不过今天一杯啤酒还没有下肚，他实在有点搞不懂了！

"好吧，且看看这个模糊不清的球怎么能打到另一个。"

打球的哥们却显然不以为意，轻轻地把杆一推，那个模糊不清的球开始朝前滚动，随着一声清脆的响声，两个球撞在了一起，就像两个普通的球相撞一样，紧接着原先运动的球和静止的球——汤普金斯先生也说不清哪个是哪个——朝"四面八方"快速地滚去，球面上不再是两个模糊的球，而是无数个模糊的球，大致在原来撞击方向 180° 的范围内滚来滚去，就像河岸边丢了一块石头形成的水波，不过汤普金斯先生倒是注意到，在原来撞击的方向上，斯诺克球是最多的。

"这就是概率波！"汤普金斯先生身后响起一个熟悉的声音，他转过身来，发现教授就站在他身边。

"哦，是您啊，太好了，终于有人能解释一下这是怎么回事儿了！"

"当然可以。老板收集在这里的东西似乎都得了'量子象皮病'①。自然界中的所有物体都服从量子规律，正常情况下普朗克常数 $h$ 非常非常小。不过对于这些球来说，常数似乎要大得多，估计有 1 吧！不过也好，这样你可以亲眼看到量子现象，要知道，在正常情况下，只有通过非常灵敏、巧妙、复杂的观察方法才能略窥一二。"

教授开始沉思起来，"必须得说，我非常想知道老板是怎么搞到这些球的。严格地说，它们不可能存在于我们的世界，普朗克常数对所有物体应该都是一样的。"

"也许是从另一个世界进口的吧，不过我还没有明白为什么这些球会这么散开。"

"这是因为球在球桌上的位置是十分不确定的，我们无法准确地指出球的位置，而是只能说球'大部分时间在这里'，但'部分时间又在其他地方'。"

"也就是说，它实际上是同时出现在所有这些不同的地方？"汤普金斯先生觉得难以置信。

教授犹豫了一下，"可以说是，也可以说不是。有些人肯定会这么说，但其他人会说，不确定的其实是我们对球位置的观察，关于量子物理的争论事实上从来没有停止过。"

汤普金斯先生继续盯着那些模糊的斯诺克球，喃喃地说："不

---

① 原文 "quantum-elephantism" 应为 "quantum-elephantist"，象皮病主要表现为皮肤和肌肉组织的一种膨胀，一种极大的扩张，而这正是作者试图做的事情，夸张地放大原本看不到的相对论、量子等物理现象。　　——译者注

可思议。"

"不可思议？不！恰恰相反，这才是绝对正常的。宇宙中每个物体每时每刻都存在量子现象，只不过由于量子常数很小而通常的观察方法又过于粗糙，人们没有注意到这种不确定性，这才误以为位移和速度可以准确测量出来。事实上，从纯粹的实际意义上讲，我们永远无法确定位移和速度的准确值。

"不过，在两个不确定之间找到平衡倒是可能的。例如，如果想集中精力提高确定位移的准确性，可以适当牺牲速度的准确性，反之亦然。普朗克常数决定了这两者不确定的相关性。"

汤普金斯先生有点疑惑地小声说，"我不太确定……"

教授接过话头，"哦，这真的很简单，现在给这些球的位置加上限制，让位移尽可能准确。"

教授把桌子上模糊的球一个个收到摆球用的三角形里，球似乎立刻就失控了，整个三角框的内部就到处闪烁着象牙色的白光。

"你看，三角形的大小确定了球的位移，速度的不确定性随之急剧上升。"

"你就不能让它别这样乱窜吗？"

"从物理学上说这是不可能的。封闭空间中的任何物体都必须具有某种运动，也就是物理学家所说的零点运动①。如果我们能很好地确定位移，就不能知道它的速度，就像我们现在把球限制

---

① 量子力学概念，意思是比如分子等很小的粒子，即使到达绝对零度，仍有半份能量支持粒子运动。

——译者注

在三角框里那样。"

三角框里的球像笼子里的老虎一样，不断地在框子里四处乱撞。就在汤普金斯先生看得入神时，有个球竟然从三角框的框壁穿墙而过，滚向桌子远处的一个角落——是的，不是跳出来，就是穿墙而过，就像框壁上有个洞把它给漏过去了一样。

教授兴奋地叫道，"啊哈！你看到了吗？量子理论最有趣的结果之一就是无法把任何东西无限期地关在一个封闭的空间里，只要有足够的能量，物体就会穿过空间障碍'渗漏'出去。"

"太悲惨了！那我再也不去动物园了！"汤普金斯先生那活泼的想象力已经联想到狮子和老虎从笼子里穿墙而出了，他又想如果自己的车从锁着的车库里漏出来怎么办？是的，他的脑海中浮现出一幅画，一辆好好地锁在车库里的汽车突然像中世纪幽灵一样，沿着街道疾驰而去，万一出点事可怎么好，他可不确定自己的汽车保险是否承保了这种量子意外。

突然，他好像意识到什么，转向教授提到了自己刚才所想的，"大概等多久才会发生这种事？"

教授在脑子里快速地算了一下，然后说，"大概 100000000 … 000 年。"

尽管已经习惯了银行账户里的大数字，但汤普金斯先生还是数不清教授的回答里有多少个 0，不过可以肯定这是个很长的时间，至少基本不用担心汽车会自己跑掉。

汤普金斯先生继续问道，"如果没有这些球的话，在正常世界里我们怎样才能看到这些事情呢？"

"好问题。答案是看不到，日常的物品可无法完成这些'壮举'，虽然它们也无时无刻不在发生着量子现象，但重点是只有物体质量非常小时才比较明显，比如原子或电子。对于如此微小的粒子，经典力学无法解释它们的运动，量子效应不得不应运而生。比如说，两个原子之间的碰撞，就像两个得了'量子象皮病'的球一样，而原子内电子的运动则非常类似于斯诺克球在三角形框的'零点运动'。"

"所以，电子会经常从原子中跑出去吗？"

"不、不，根本不会发生这种事。我说过的，物体必须有足够的能量才能逃离屏障。电子携带的负电荷和原子核中质子的正电荷相互吸引，电子可没有足够的能量摆脱这种电磁力的束缚。如果想看到这种'渗漏'，最好去观察重原子核，从某种意义上说，重原子核的表现就像是由一些 α 粒子组成的。"

"α 粒子？"

"α 粒子就是氦原子核曾经的名字，氦原子核由两个中子和两个质子紧密地结合在一起——非常有效地'贴在一起'。由于 α 粒子结合得极其牢固，在某些情况下，重原子核的表现就像是 α 粒子的集合体，虽然单个中子和质子事实存在，但 α 粒子的这 4 个粒子却始终作为一个整体在运动，通常情况下，α 粒子因为核子作用力保持在原子核内部。但是，常常也有一个 α 粒子'渗漏'出来，由于剩余的原子核依然带正电，α 粒子也一样，所以在长时间静电斥力的影响下，α 粒子被推开了。这是放射性原子核的一种衰变方式，事实上，α 粒子同你那辆锁在车库里的汽车没有区别，只不过这种'渗漏'发生的概率要大得多！"

就在这时，汤普金斯先生感到手臂上有一种奇怪的感觉，之后就听到一个女人压低声音说："嘘！"

汤普金斯先生从梦里惊醒了，看到一位女士正坐在他旁边的长椅上，轻轻地拍着他的胳膊，略带同情地笑了笑，低声说："你都开始打呼噜了。"

汤普金斯先生振作起来，用口型和她说了句"谢谢"。他不知道自己错过了多少课，也许在自己睡觉的时候就已经不知不觉地学会了。他记得曾听谁做过一个报告，说有人戴着耳机睡觉学会了一门外语。这时，讲台上，教授仍然在滔滔不绝……

现在让我们回头看看我们的实验者，看看数学上我们是如何表达量子约束的。大家知道，无论使用什么观测方法，运动物体的位移和速度就像鱼与熊掌一样，不可兼得。在光学方法中，由于动量守恒定律，物体与来自光源的光量子之间的碰撞会造成动量的不确定，根据式（15），这种不确定可以用式（16）来度量：

$$\Delta p_{粒子} \approx h / \lambda \tag{16}$$

粒子位移的不确定程度可以通过光量子的波长（$\Delta q \approx \lambda$）来衡量，由此得出式（17）：

$$\Delta p_{粒子} * \Delta q_{粒子} \approx h \tag{17}$$

在机械方法中，运动粒子的动量会在与"铃铛"的撞击中改变，由此造成动量的不确定。粒子位移的不确定性取决于"铃铛"的尺寸（$\Delta q \approx 1$），根据式（15），我们同样可以得到式

（17），也就是量子理论中最基本的测不准原理。这一不等式最早由德国物理学家维尔纳·海森堡（Werner Heisenberg）提出，因此也被称为海森堡测不准原理。式（17）告诉我们，位移测量得越准确，动量就变得越测不准，反之亦然。至于速度，我们知道动量是质量与速度的乘积，由此可得：

$$\Delta v_{粒子} * \Delta q_{粒子} \cong h/m_{粒子} \tag{18}$$

当然这些小到我们日常生活中无法看到，比如，即使对于质量为 0.0000001g 的尘埃，不管是位移还是速度测量都可以达到 0.00000001% 的精度。不过，对于电子可就不能同日而语了，电子质量为 $10^{-30}$ 千克，相应的 $\Delta v \Delta q$ 乘积数量级会达到 $10^{-4}$ 平方米/秒。在原子内部，电子的速度小于 $10^{6}$ 米/秒，否则它就会逃逸出去，根据式（17），位移的不确定性就达到 $10^{-10}$ 米。值得一提的是，原子不过也就是这个尺寸。这些可不是什么子虚乌有，而是实验中真实存在的现象，海森堡测不准原理的强大可见一斑——仅仅根据原子本身，我们就可以计算原子内部力的强度，进而计算电子的最大速度，从而估计出原子的大小!

在这一讲中，我尽力地为大家展示了一幅经典力学概念变迁及颠覆的完整图画，优雅而简洁的经典概念荡然无存，你甚至可能会想，物理学家是如何在不确定的汪洋上乘桴浮于海，不过那可不是我这短短的讲座所能回答的，有兴趣的同学可以课后来找我，我们聊聊纯粹的、完整的关于量子力学的数学。

自然而然地，如果不能用一个数学点定义一个粒子的位移，也不能用一条数学线定义它的轨迹，那就必须在数学上想想其他的办法。这实际上需要使用我们曾经在流体力学中使用的连续函数，连续函数可以帮助我们定义物体在空间中的"存在密度"。

在这里，我必须提醒大家，"存在密度"并不是三维空间中真正的物理事实。假定我们描述两个粒子的行为，我们必须知道第一个粒子出现在某一点时，第二个粒子出现在什么地方，因此我们需要使用 6 个变量的函数（2 个粒子各有 3 个坐标）。相应的，对于更复杂的系统就必须使用更多变量的函数。从这个意义上说，量子力学里的波函数有点类似于经典力学粒子系统的"势函数"或统计力学系统中的"熵"。波函数仅仅描述运动状态，并据此计算各种可能结果的相对概率。例如，假设有一束电子通过狭缝发生衍射，并最终被记录在远处的屏幕上，波函数可以帮助我们计算电子到达屏幕不同位置的相对概率——是的，你没有听错，以粒子或局部量子的形式到达，却最终体现出波动性的结果。

奥地利的埃尔温·薛定谔（Erwin Schrödinger）是第一个定义粒子波函数 $\psi$ 的物理学家，这里我们不讨论薛定谔基本方程的数学推导，但希望大家注意这个方程的一些基本条件，其中非常重要的一条就是，它必须写成一定形式才能描述运动粒子的所有波动特性。

波函数 $\psi$ 的传播事实上并不像热量穿过受热的墙壁，而是更类似于声波一样的机械形变穿过墙壁。从数学上说，我们需要一个明确的、严格的方程，同时这个方程还要满足量子效应可以忽略不计的大质量粒子（也就是说这种情况下，波函数可以退化成经典力学方程）。因此，定义这个方程的问题变成了一个纯粹的数学练习。

如果你对这个方程感兴趣，式（19）就是薛定谔基本方程的最终形态：

$$\nabla^2\psi + \frac{4\pi mi}{h}\cdot\psi - \frac{8\pi^2 m}{h}U\psi = 0 \qquad (19)$$

在这个方程中，$m$ 表示粒子的质量，$U$ 是作用在粒子上的力的势能，表示力场分布。薛定谔波动方程可以帮助物理学家们描绘原子世界所发生的一切，并给出最完美、最合乎逻辑的图像。

讲座结束之际，我必须提一两个关于矩阵的词。如果你已经读过不少关于量子物理的书，就会知道在具体问题的处理中其实有多种方法，矩阵正是其中之一——坦率地说，我个人非常不喜欢矩阵，不过为了完整起见，至少应该科普一下。

我们已经知道，一个粒子或复杂机械系统的运动总是用某种连续的波函数来描述。这种函数往往相当复杂，为了便于研究可以分解为许多比较简单的振动（即所谓"本征函数"），就像一个复杂的声音可以分解成许多简单的谐音一样。因此，我们可以用不同分量的振幅来描述整个复杂运动，当然，由于分量的数量是无限的，我们必须写出无限的幅值表：

$$\begin{matrix} q_{11} & q_{12} & q_{13} & \cdots \\ q_{21} & q_{22} & q_{23} & \cdots \\ q_{31} & q_{32} & q_{33} & \cdots \\ \cdots\cdots\cdots\cdots\cdots\cdots \end{matrix} \qquad (20)$$

这样的幅值表就被称为"矩阵",其运算遵循简单的数学运算规则。一些理论物理学家就更喜欢用矩阵而不是波函数本身,有时他们也称之为"矩阵力学",其实就是"波动力学"的数学变种而已。

时间所限,今天无法给大家介绍量子理论与相对论双剑合璧后的进一步发展,这些主要归功于英国物理学家保罗·狄拉克(Paul Dirac),并由此产生了很多非常有意义的观点和一些极其重要的实验发现。我想未来有时间我们可以进一步讨论!

下课!

# 9
# 量子游猎

哔……哔……哔……

汤普金斯先生爬起来，从被窝里伸出手，把闹钟关上。这是星期一的早晨，一想到那些繁杂的工作，他又一次瘫倒在床，像往常一样，打了最后十分钟的瞌睡，等着闹钟再一次响起。

"嘿！该起床了。我们还要赶飞机呢。"是教授，他站在床边，手里拿着一只大箱子。

"什么……那是什么？"汤普金斯先生坐起来揉着眼睛，慌张地嘟囔道。

"我们要去游猎。你不会忘了吧？"

"游猎？"

"当然。我们要去量子丛林了，记得那家酒吧的老板吧？他告诉我做斯诺克球的象牙是从哪里来的。"

"象牙吗？但是现在好像不是去找象牙的时候吧……"

教授不理会汤普金斯先生的抗议，开始在箱子侧面的口袋里翻找着什么。边说边掏出一张地图，"哈！在这儿。看，用红色标记的这个区域，这里面所有东西的普朗克常数都很大，我们走！"

这趟旅程没什么特别的，汤普金斯先生老是在计算时间，直到飞机终于降落在目的地——一个遥远的国度，根据教授的说法，这是距离神秘量子区域最近的有人居住的地方。

"我们需要一个向导，"但事实证明，招募一个这样的人并不容易。当地人有点害怕进入量子丛林，他们通常从不靠近这个地方。后来，一个胆大的小伙子挺身而出，自愿带教授和汤普金斯先生前去冒险，临走还揶揄了一把朋友们的胆小怯懦。

第一站是去市场买东西。

小伙子建议说："得租头大象，我们好骑着它去。"

汤普金斯先生看了一眼这只庞然大物，立刻充满了惊恐。难道要自己爬到大象背上去吗？"听着，我还是不去的好。我以前从没做过这种事，真的不行。骑马或许还可以，大象真的不行。"就在这时，他发现有另一个卖驴子的商人，"来头毛驴吧？我觉得它更适合我的身材。"

小伙子毫不客气地嘲笑他，"骑驴去量子丛林？脑袋被驴踢了吧？那就像是骑一匹烈马，即使侥幸毛驴没有先从你的两腿之间'漏'过去，很快你也会被甩下去的。"

教授喃喃地说，"对的，这个小伙子说得很有道理。"

汤普金斯先生却不以为然，"他吗？他肯定和卖大象的是一伙的，让咱们买不需要的东西。"

"但我们确实需要一头大象，在这个地方，别的动物像斯诺克球一样四处弥散，我们必须得依附于一些重的东西，这样即使速度变慢，动量也会很大，波长才能小一点。不久前我告诉过你，位移和速度的不确定性都取决于质量，质量越大，不确定性越小。这就是为什么在日常生活中我们看不到量子尘埃，却不得不在研究原子和分子时考虑量子效应。但是，量子丛林的普朗克常数很大，只有大象这样沉重的动物量子效应影响才不那么大。即使如此，你仔细看也能发现，它的轮廓有点模糊。随着时间的推移，这种不确定性会缓慢地增大，传说中来自量子丛林的老象都长着长长的皮毛，可能就是这个原因。"

经过一番讨价还价，教授终于和商贩达成一致，他们骑上大象爬进背篓里，年轻的向导则站在大象的脖子上，与他们一起向神秘的量子丛林进发。

大约花了一个小时，终于来到丛林边上，汤普金斯先生看到 ① 树叶沙沙作响，却似乎一点儿风也没有，他问教授为什么会这样。

"那是因为我们正在看它们。"

"什么？这和我们看不看它有什么关系，它们又不是含羞草！"

"我不会这么说，真正的问题在于观察，观察会干扰被观察的对象。很显然，这里的光子可比正常世界猛多了。因为普朗克常数大得多，这里不出意外肯定是个狂野的世界，温和的行为可能只是人们的一厢情愿，比方说我们想抚弄一只小狗，那么要么它什么也感觉不到，要么你的第一次'量子爱抚'就会扭断它的

---

① 注意这个动词，是"看到"。　　　　　　　　　　　　　　——译者注

脖子。"

"要是没人看怎么办?"一行三人已经开始在树林中漫步,汤普金斯先生显然还沉浸在刚才的问题里。"我的意思是,那些树叶会不会正常一点?应该不会再沙沙作响吧?"

"谁知道呢?既然没有人看着它们,谁又能知道它们会怎么样?"

"你是说,这与其说是个科学问题,不如说是个哲学问题?"

"如果你愿意,也可以称之为哲学。不过至少有一件事儿是肯定的,科学家可不会高谈阔论那些无法用实验去验证的东西,整个现代物理都要遵循这一基本原则。哲学家则不受这一限制,比如德国哲学家伊曼努尔·康德(Immanuel Kant)就曾经花了相当多的时间研究物质的性质,但这种性质不是'呈现出来'的性质,而是物体'本我'的性质。对于物理学家来说,只有'可观察量'才有意义,就比如位移和动量,而且整个现代物理学就是建立在它们之间的相互关系之上……"

就在这时,突然传来一阵嗡嗡声。一只大约有马蝇两倍大的黑色昆虫正朝他们头顶飞来,导游的小伙子大声警告他们低下头,自己则拿出一把蝇拍,开始击打那只来袭的昆虫。不过那只飞虫很快变成一团黑雾,之后又进一步幻化成一朵黑云,把大象和三人笼罩起来。导游奋力朝四面八方挥动着蝇拍,同时又着重朝着黑云最浓密的地方反复拍打。

啪的一声,他完成了致命一击。那朵黑云立刻消散不见,昆虫的尸体在空中划出一道弧线,散落在浓密的灌木丛中。

教授喊道,"干得漂亮!"小伙子也得意扬扬地笑开了花。

只有汤普金斯先生喃喃道，"这是怎么回事呢……"。

"其实没什么，昆虫很轻，从我们看到它开始，随着时间的推移，它的位置越来越不确定，后来不确定到形成一个'昆虫概率云'，就像'电子概率云'包围原子核一样包围着我们。那时候我们其实根本不能确定昆虫具体在什么地方，不过概率云最浓密的地方就是它所在概率最大的地方，你没看到导游小哥反复朝那里拍吗？这就是'打蛇打七寸'，这一战术增加了蝇拍和昆虫碰到一起的可能性，要知道，在量子世界里可没有什么一击命中。"

教授一边继续赶路，一边接着往下说："这正是我们在正常的微观世界里发现的，绕着原子核旋转的电子与刚才绕着大象的昆虫其实没有本质的区别。只不过，对于原子中的电子来说，光子击中电子可比小伙子击中昆虫难多了。这种可能性太小了，小到我们把一束光照射到原子上，只能寄希望于一个光子略有所获。"

汤普金斯先生终于好像有点明白了，"听起来就像量子世界里可怜的小狗，只要一个量子抚弄就会身首异处。"就在这时，他们终于走出了树林，来到一个高高的平台上，前面是一片开阔的田野。一排茂密的树木环绕着干涸的河床延伸到远方，正好把田野一分为二。

教授指着树右边一群正在吃草的羚羊激动地说："瞧，羚羊，一大群羚羊！"但是，汤普金斯先生可没空看什么羚羊，他正死死盯着不远处的另一边——是母狮子，一排、一排、又一排……它们与树木平行而列，排与排之间的距离完全相等。这种奇怪的景象

让他想起了每周一到周五早上火车站的站台。经常在早上 7 点 05
分上班的人都确切地知道火车进站时车门可能在哪里，因为你必
须正对门等着，否则就只能站着挤在车上了，于是像汤普金斯先
生这样的老手总是几人一起，按照固定的距离间隔开等在站台上。

母狮们满怀期待地望着树中间狭窄的缝隙，汤普金斯先生还
没来得及问什么，右边的羚羊群已是一阵骚动。一头孤独的母狮
突然从藏身的地方奔来，羚羊们吓了一跳，旋即立刻向树林的两
个缝隙冲去（见图 6）。

冲过去之后的景象让人瞠目结舌，羚羊们既没有蜂拥在一
起，也没有四散奔逃，而是整整齐齐地列队——列队径直走向一
只母狮子，然后像传说中的神风特攻队 ① 一样排队送入母狮子的
口中。

汤普金斯先生目瞪口呆，"这说不通啊！"

教授喃喃地说，"但确实如此，而且它们一定就是这样，这就
是让人神魂颠倒的杨氏双缝实验。"

"谁？双什么？"

"不好意思，术语又说多了！这是一个著名的实验，把一束
光照射到两个狭缝上，如果光束是由粒子组成的，那么到另一边
之后应该出现两个光束，每一束对应一个狭缝。但如果光束是由
波构成的，那么通过每个狭缝的光就会形成相干光源。它们会在

———————————

① 神风特攻队，第二次世界大战末期，日本为挽回局面采用的自杀性攻击，按
照"一人、一机、一弹换一舰"的要求，对美国舰艇编队、登陆部队及固定的集
群目标实施自杀式袭击。　　　　　　　　　　　　　　　　　——译者注

图 6　"羊"氏双缝实验[1]（图：郭霆涵）

---

① 原书图样可能因角度等引起一定歧义，我给女儿讲了这一段后，请孩子重新画了杨氏双缝实验的放大版，正好也是羚羊，取谐音"羊"氏双缝实验。

　　　　　　　　　　　　　　　　　　　　　　　　——译者注

另一边散开并彼此重叠在一起，两个波的波峰和波谷互相干涉。在某些方向上，波列相反，一个波列的波峰与另一个波列的波谷叠加，进而互相抵消，这就是相消干涉。而在另一些方向上，两个波列完全同步，彼此波峰叠加、波谷亦然，这就是相长干涉。”

“你是说，在狭缝的后面，会形成彼此隔开的光束，而在它们之间也就是相消干涉的地方则一片黯淡？”

“正是如此，而且狭缝后面出现的可不只两束光，而是彼此间隔完全相同的很多束光。它们之间的角度取决于光的波长和狭缝之间的距离。这就是大名鼎鼎的‘杨氏双缝实验’，物理学家托马斯·杨（Thomas Young）用这个实验证明，光是波而非粒子。很显然，羚羊也具有波的性质。”说着，教授指了指下面的大屠杀。

“可是我还是不太明白，羚羊们为什么要排队赴死呢？”

“羚羊们别无选择。羚羊波的干涉图样给出了它们所有可能的归宿。事实上，对于一只羚羊来说，穿过两个树缝后，它自己都不知道自己会走向何方。只能说，朝某些方向跑的概率大一些，朝其他方向跑的概率小一些。不幸的是，母狮们显然是老猎人了，它们知道羚羊的平均体重和奔跑速度，并以此计算出羚羊的动量及‘羚羊波’的波长，它们还知道两个树缝之间的距离，剩下只是‘守株待羊’。”

“母狮数学家？”

教授笑了，“应该不是，大概率是本能，可能就像孩子不需要计算抛物线轨迹就知道如何接球一样。”

就在他们看着的时候，那头‘驱羊狮’也加入了其中一只母狮的队伍，开始分享自己的胜利果实。

教授盯着驱羊狮说，"这招不错，不知道你们注意到了没有，这头狮子是慢悠悠地穿过树缝的，很显然这样质量更大的自己就获得了与质量小的羚羊大致相同的动量和波长，然后它就可以被衍射到一群羚羊那儿去饱餐一顿。那些搞进化论的生物学家们真应该来这儿好好看看！"

他的话被一阵尖锐的嗡嗡声打断了。

向导喊道，"当心，又有一只昆虫要攻击我们了。"

汤普金斯先生急忙蹲下身子，还把大衣套在头上加强保护。这时他才猛地醒了，发现自己手里其实并没有什么外套，倒是有一张床单。那量子昆虫的嗡嗡声也不见了，取而代之的是闹钟的哗哗声。

# 10
# 麦克斯韦妖

接下来的几个月里，汤普金斯先生和莫德经常一起参观美术馆，讨论那些画展的优缺点。汤普金斯先生想尽办法向她介绍最近了解到的量子物理奥秘。他数学不错，这对她倒是很有帮助，尤其是需要与交易商或画廊老板打交道的时候。

后来，他终于鼓起勇气向她求婚，莫德也愉快地接受了，汤普金斯先生兴奋不已。他们决定在诺顿农场安家，这样她就可以不必放弃自己的画室。

一个星期六的上午，他们正等着教授过来共进午餐。莫德坐在沙发上看最新一期的《新科学家》，而汤普金斯先生则在餐桌旁整理她的税单。当整理到成堆的美术用品收据时，他说："我不认为自己能够提前退休，你的收入暂时还不允许一个人去养家——至少现在还不行。"

"同样，我也不认为你能一个人养了这个家。"莫德头也不抬地回答。

汤普金斯先生叹了口气，把那些税单、收据收拾起来，放回一个箱子里。他和莫德一起，坐在沙发上，也拿起一份报纸，当翻到彩色增刊时，一篇关于赌博的文章吸引了他的注意。

过了一会儿，汤普金斯先生兴奋地说："嘿，我想这就是答案，一个包赚不赔的赌博策略。"

"哦？是嘛？"莫德有些心不在焉，边看书边低声回复，"谁说的？"

"这里写着呢。"

"报纸上写着呢？那么这一定是真的。"她将信将疑地说。

"不，我是认真的。听这个。比如说，你赌第一匹马赢1英镑。如果你赢了，没问题。你把那1英镑存进银行。"

"那万一输了呢？"

"如果你输了，你就再赌一匹马，但现在你要提高赌注，这样如果你赢了，你就能赢回你在第一场比赛中输掉的钱，外加1英镑。这样你就可以把你的英镑存入银行，而且不会损失任何东西。如果第二次你不幸又输了，那么在第三场比赛中再提高赌注，这样就可以挽回前两场比赛的损失，并获得额外的1英镑。这样一来，你输了多少次就不重要了，最终你一定会从之前的比赛中拿回你的钱——那只是暂时的——而且你还能从中获利1英镑。"

"嗯，1英镑倒是不算多。"莫德说着，明显仍然心存疑虑。

汤普金斯先生兴奋地说："而且这只是个开始，报纸上还说，你把赢来的1英镑存进了银行后不能碰它。另一方面，继续重复整个过程。赌马赢1英镑，如果输了，就增加赌注以弥补损失，再获得1英镑的利润。就这样继续下去，直到再赢一次——这样就又多了 1 英镑存入银行。以此类推，3 英镑，4 英镑，无穷无尽。你觉得怎么样？"

"呃！我不知道，父亲常说，十赌九输！"

"哦不！好像没有什么缺陷嘛？这样吧，我来证明给你看。说干就干！"说着，他翻到体育版的赛车专栏，闭上眼睛，用手指戳了一下。"'恶魔之乐'，两点半在海多克。那就跟其他的一样好了。我现在就去投注站。"

汤普金斯先生站起来，穿上夹克，向门口走去。但他还没走到门口，门铃就响了——是教授，莫德的父亲。

"你要上哪儿去？"教授问。

汤普金斯先生解释了一遍。

"我明白了！"他不置可否地回答。"陈词滥调！"教授在走廊里与汤普金斯先生擦肩而过，径直走过去迎接他的女儿。那天天气很暖和，他们走到院子里的座位上。

"一个包赚不赔的赌博策略？"他喃喃自语道，"这句话我听过很多次了。"

"我知道这听起来不太可能。"汤普金斯先生跟着教授承认道，"但这一次不同。你肯定不会输，一定会赢的，这次我们不会失手的。"他兴奋得有点语无伦次。

"怎么可能呢？不信？让我们看看，好吗？"教授粗略地浏览了一下那篇文章，接着说，"这个策略有个突出的特点，那就是控制你的下注金额，规则要求每次输掉之后都要加注。这样，要是你非常有规律地交替输赢，你的资金就会上下波动，好像每次增加都比之前的减少略大。于是，随着时间的推移，你的资本会逐渐增加，可能在适当的时候成为百万富翁。"

"你看，我就说吧。"

"但你肯定知道，这种规律通常是不存在的。事实上，出现这种规律性交替的概率和连续获胜的概率一样小。我们必须看看，如果连赢几次或连输几次，又会发生什么。

"如果幸运之神对你青睐有加，你就会连续获胜。但你的总奖金——每次 1 英镑——不会很高。另一方面，输钱会很快让你陷入大麻烦。你必须增加赌注来弥补之前的损失，而这个速度会很快让你身无分文。举个例子，如果机会均等（你押 1 英镑赢 1 英镑），在连续输了 5 次之后，下次你必须押 32 英镑来弥补这些损失，而预期回报却只有 1 英镑；如果连续输 10 次，注脚会变成 1024 英镑；连续输 15 次，则必须下注 32768 英镑——所有这些都是为了赢得 1 英镑。因此，你可能还在兴奋自己的钱缓慢而又稳定地增长，却可能意外地遇到急剧地下跌，这种下跌将足以让你下注并输掉最后一个铜板。

"更重要的是，你不是保险公司，没有无限的钱包。任何参与这一计划的赌徒都只有有限的资金——可能很多，但必然是有限的。既然如此，根据平均法则，总有一天，霉运会让我们倾家荡产。一般来说，无论是这个策略也好，还是任何别的类似策略，庄家的设计一定是你获得双倍初始资金的概率等于你的资金被清空的概率。换句话说，最终获胜的机会就像你把所有的钱都押在抛硬币上一样——翻倍或离场。如果说这个策略有什么好，可能是能延长游戏，给你更多的乐趣（当然也可能是痛苦）。

"当然，这还是假设庄家没有抽成的游戏，实际情况比我所描述的还要糟糕。你们没有听错，这的确是个包赚不赔的策略，不过那是对庄家而言。"

"所以，你的意思是，根本不存在什么包赚不赔的方法？要赢钱就一定要冒着输掉的风险？"

"正解！不光赌博这样，乍看之下似乎与概率毫无关系的各种物理现象也是如此。就这一点而言，如果你能设计出一套突破概率的系统，那可比赢钱振奋人心多了。那样就可以生产出不烧汽油的汽车、无须能源的工厂还有很多其他神奇的东西。"

"真的吗？"汤普金斯先生问道，他颇有兴致地又坐到沙发上，"我听说过这种机器，永动机，对吧？但应该不行吧？机器没有燃料就能运转，我们毕竟不能无中生有地制造能量。"

"说得对，我的孩子。"教授很高兴能把女婿的注意力从愚蠢的赌博上吸引回自己最喜欢的物理话题。"这种永动机，也就是所谓的'第一类永动机'，是不可能存在的，因为它们违反了能量守恒定律。然而，我刚才所说的不烧燃料的机器是一种完全不同的类型，通常被称为'第二类永动机'。设计的目的不是无中生有地创造能源，而是从周围的地球、海洋或空气中的热能中提取已经存在的能量。例如，你可以想象一艘蒸汽船，它的锅炉通过从周围的水中提取热量来产生蒸汽，而不是燃烧煤或石油。这取决于你是否能够让热量从冷的地方流向热的地方——当然，这与热量通常的流向正好相反。"

"听起来是个好主意，这样我们可以建造一个系统，把海水抽进去，抽走海水中的热量来烧锅炉，然后把热量减少变成的冰块直接扔到船外。我记得好像在学校里学过，当一加仑（1加仑=3.785升）的冷水结冰时，释放出的热量足够使另一加仑的冷水几乎达到沸点，对吧？我们所要做的就是每分钟注入几加仑的海水，这样我们就可以很容易地收集到足够的热量驱动一个大型发动机。你看，我们真是找到了个好办法。"

"吃饭啦！"莫德在餐厅里喊道。这两个人一直聚精会神地谈话，甚至没有注意到莫德已经离开他们去准备午餐了，听到叫声，他们走进餐厅来到她身边。

"忘了那个赌博吧，莫德。"汤普金斯先生边坐下边说，"爸爸有更好的主意！"

吃了些蔬菜后他突然停了下来，皱起眉头转向教授，"但是……如果这是个好主意，为什么以前没有人想到呢？"

教授笑了笑，"你怎么知道没有？真有过！从实际意义上讲，这种永动机——第二类永动机——和那种无中生有创造能量的第一类永动机一样好。有这样的引擎，你就永远不必担心燃料账单或节约能源的问题了。不过麻烦在于第二类永动机也和第一类永动机一样，都是不可能的。"

"但是为什么呢？"

"概率！与击溃包赚不赔的赌博策略的法则别无二致。"

"嗯？对不起！我看不出有什么联系。这和概率定理有什么关系呢？"

"热过程本身是受概率影响的，分子运动和赌博游戏非常相似——赌马、掷骰子、旋转轮盘，诸如此类！期待热从冷的东西流向热的东西，这就像希望钱从庄家的钱柜流入你的口袋一样。或者就像指望没有人帮忙，盐能够自己撒到盘子上。"

"盐？什么意思？"

"西里尔。"莫德略有点愠色地责备道，说着朝盐瓶的方向使了个眼色。

"哦，对不起，"汤普金斯先生带着歉意把盐瓶递给岳父，"是我考虑不周。"

"不如换个话题吧，"莫德建议，"至少咱们先把饭吃了。"

午饭后，他们决定去外面喝咖啡。教授问汤普金斯先生要不要来杯威士忌，"只是偶尔，我的孩子。我不习惯吃大餐，来杯消食酒能让我的胃舒服些。"

在躺椅上坐好之后，教授诡秘地对汤普金斯先生耳语道："我们继续？"

莫德还是听到了，温和地抗议道："今天是星期六，我们说好了周末不谈工作。"

他们没有理睬她，又回到了概率的话题上。

"你对热学了解多少？"教授问。

"一点点，不多！"

"好吧！其实就是原子和分子快速而不规则的运动——所有物质都是由原子构成的。一些原子结合在一起形成分子，这个你应该知道吧？"

汤普金斯先生点了点头。

"那就好，"教授接着说，"分子运动越剧烈，物体温度就越
高。这种分子运动是不规则的，也就是说遵守概率定理。我们很
容易证明，由大量粒子组成的系统，其最可能的状态对应于总能
量在粒子间或多或少均匀分布的状态。如果由于某种原因，物体
的某个特定部分被加热——换句话说，这个区域的分子运动得更
快，那么，通过大量的随机碰撞，这些多余的能量就会很快均匀
地分布到其他粒子中。

"然而，由于碰撞纯粹是随机的，也有可能——虽然可能性
很小但的确有可能——某一组粒子可能会以其他粒子的损失为代
价，收集更大一部分可用的能量。"

"你是说温度会上升？热的地方更热而冷的地方更冷？"

"没错。热能会自发地集中在物体的某一特定部位，也就
是说热量从冷到热逆着温度梯度而流动。我们不排除这种可能
性——至少理论上是有可能的。然而，简单计算下这种自发的热
集中的概率，你就会知道概率是如此之小，也就是说从实际意义
上讲，这种现象基本不可能发生。"

"也就是我刚才说的，第二类永动机其实可行，只是概率非
常小，就像两个骰子扔一百次，每次都能打到豹子一样。"

"是的，差不多就是这个意思，只不过概率要比这小得多。
与大自然打赌成功的可能性很小，难到我都不知道怎么形容。例
如，可以计算出餐厅里所有的空气自发地聚集在桌子下面，使其
他地方都变成真空的可能性。这种情况下，你一次扔出的骰子的

数量就等于房间里空气分子的数量，我们先简单算下，在正常大气压下，1 立方厘米的空气中约有 $10^{20}$ 个分子，整个房间的空气分子总数大概 $10^{27}$ 个。所以，为了计算出所有的分子同时在桌子底下的概率，大概百分之一吧，也就是我必须用百分之一乘以百分之一，以此类推，整体概率大概为 $1/10^{54}$。"

"嚯！"汤普金斯先生惊叫道，"只有相当老道的赌徒才会在这种赔率上下注！"

"当然。相信我，我们不会窒息，是因为所有的空气很难都到桌子底下了。同样，你杯子里的咖啡才没有出现上半部分烧开，而下半部分变成冰块的现象。"

他们说笑着。

不过汤普金斯先生仍然坚持说："但小概率事件仍有可能发生。不是吗？"

"是的，当然可能。那边的花盆突然从天井上跳到空中，也不是完全不可能，或许地面分子振动的同时意外地一起获得了向上的'热'速度。"

"昨天就有呢。"莫德插话道，"记得吗，西里尔，你倒车的时候，那个垃圾箱……"

"好吧！好吧！"汤普金斯先生打断她。

"什么，什么垃圾箱？"教授追问道。

"没什么，没什么，"汤普金斯先生急忙解释说。

教授笑了。"好吧，不管垃圾箱怎么了，我怀疑你能把责任推到麦克斯韦妖身上。"

"麦克斯韦妖？这又是什么鬼？"

"克拉克·麦克斯韦（Clerk Maxwell），是一位著名的物理学家，他做了一个很有名的思想实验，并在实验中引入了这个统计学小妖，当然这只是为了让这个原理听起来更好玩。麦克斯韦妖被认为是一个非常敏捷的家伙，能够观察每个分子，并以任何想要的方式改变运动方向。如果真有这样一个小妖，那么就能改变所有快分子的运动方向，让它们朝一个特定的方向运动，让慢分子朝相反的方向运动。相应的，热量也就能逆着温度梯度流动。而这将可能推翻热力学第二定律——熵增定律。"

"熵吗？那又是什么？"

"哦，这是一个用来描述任何特定物体或系统中分子运动紊乱程度的术语。例如，所有的空气分子都在餐桌下面，而在房间的其他地方没有一个分子，这就是非常有序的排列。让它们随意地散落在房间里就是个很无序的排列。或者以这个露台地板表面的分子为例。如果它们都一致向上振动，那就非常有序了。让它们向不同的方向振动，这就是无序的。有序态的熵很低；无序的熵则相对较高。而分子间不规则运动的本质将使得物体或系统倾向于熵增。这样一来，绝对无序是任何统计集合中最可能出现的状态。"

"你的意思是说，如果听之任之，大自然不但不会自己解决问题，还往往会把事情搞得一团糟？"

"是的，你可以这么说！"

"不是爸爸这么说的，他只是想让它听起来很科学。"莫德一边说，一边睡眼惺忪地躺在躺椅上。她把帽子盖在脸上，遮住眼睛，用低沉的声音补充说，"但不要被术语欺骗了。熵！爸爸，说熵！"

"谢谢你，亲爱的，"教授宽容地说，"就像我刚才说的，如果麦克斯韦妖能够发挥作用，就像一只优秀的牧羊犬驱赶羊群一样，很快就会让分子的运动变得有序，那么熵就会减少。我还应该告诉你，熵其实不是什么新玩意，路德维希·玻尔兹曼（Ludwig Boltzmann）在 H 定理①中就引入了熵的概念……"

教授显然还以为自己在和物理系的学生讨论科学问题，拽了一堆"广义参数""准遍历系统"这样生僻的术语。或许在他看来，女儿和女婿应该已经把热力学基本定律及它们与吉布斯统计力学的关系弄得一清二楚了。汤普金斯先生已经习惯了他的岳父高谈阔论，他抿着咖啡，努力装出颇有心得的样子。

但这一切对莫德来说太过深奥了，她的眼皮已经开始打架，她想起来碗还没洗，于是为了摆脱睡意，她决定进屋把盘子堆起来，等着男人们聊完来洗碗。

"夫人要做什么？"她走进厨房，迎面走来一个穿着优雅的高个子管家鞠躬问道。

"不，接着忙你的吧，"她回答道，不过心里隐隐纳闷什么时

---

① H 定理（H-theorem）在经典统计力学中用于描述物理量"H"在接近理想气体系统中的下降趋势，其中，H 代表分子随时间流逝因传递而改变的动能，个别分子的动能遵循特定的分布。H 可以用作定义热力学熵的一种表述，可以从可逆微观机制推导出热力学第二定律。　　　　　　——译者注

候来了个男管家。可能丈夫赛马赢了一大笔钱，或者成功地申请了一台永动机专利吧？管家又高又瘦，橄榄色的皮肤，长长的尖鼻子，绿色的眼睛闪烁着一种奇怪的、强烈的光芒。管家正在擦去盘子上的水渍——莫德这才注意到盘子已经洗过了。她对管家额头上两个对称的凸起很是好奇，额上的黑发遮住了一半，不过另一半仍然清晰可见，与梅菲斯托费勒斯[1]惊人地相似。

"我丈夫什么时候雇的你？"莫德没话找话地问道。

"哦，他没有雇我，"管家边说边把茶巾叠得整整齐齐，"事实上，我是自愿到这儿来的。我非常喜欢把东西整理得干净整洁，或者说我不能忍受混乱。我来这里的主要目的是向您尊贵的父亲证明我的存在。经过厨房时，我碰巧看到了水槽那可怕的样子——当然，我无意冒犯，相信最终会有人抽出时间来清理的，只是我一时也忍不了——这是我的本性，我就是传说中的麦克斯韦妖。"

"哦。"莫德松了一口气。"那就好，我还以为你像……"

"我知道你想说什么。我经常被误会和别的恶魔一样。但是别害怕，我明显是个人畜无害的小妖，也许有时会有一点点恶作剧，但也仅此而已。事实上，我正要跟你父亲玩一玩。"

"你想干什么？我可不确定我爸爸会喜欢……"

"别担心，只是找点乐子。我只想证明熵增定律是可以被打

---

① 中世纪魔法师之神，引诱人类堕落的恶魔，全身都覆满了黑毛，又有一双大大的翅膀。当他化身到人间时是以山羊的形态出现的，不过头上有角，背上还有两片蝙蝠般的小翼。　　　　　　　　　　　　　　——译者注

破的。要不跟我一起去？"

还没等她来得及回答，麦克斯韦妖已经抓住了她的胳膊肘。周围的一切突然变得疯狂起来，厨房里所有熟悉的东西开始飞快地长大——或者也可能是她和麦克斯韦妖在渐渐变小——她瞥了一眼椅背，它已经遮住了整个地平线。当一切终于平静下来时，莫德飘浮在空中，麦克斯韦妖紧紧挽着她的胳膊，一群像网球一样大小、看上去雾蒙蒙的东西两两相连，在他们身边嗖嗖地飞过，莫德吓坏了，生怕这些看起来像导弹一样的东西会击中他们。

"这是什么？"她问。

"空气分子。那边那个是氧气，还有这个……长得和鸭子差不多的，是氮气。"

莫德往下一看，看到了一艘看起来像渔船的东西，甲板上堆满了闪闪发光的鱼。但当他们走近，才发现那些根本不是鱼，而是汤里沸腾的雾球，和空中飞过的没有什么两样。麦克斯韦妖温柔而坚定地引导她继续前行，她甚至可以观察到这些"汤里"的球是如何随机地、无序地移动。一些浮上来，另一些则沉下去。偶尔会有小球运动地飞快，一些甚至能够挣脱"水面"飞到空中，而另一些则从空中飞来，一头扎进"汤"里，消失在成千上万个球的下面。

仔细观察后，莫德发现汤里的球有两种不同的类型——大多数看起来像网球，还有一些更大、更细长的，形状更像橄榄球。它们都是半透明的，莫德也看不太清它们复杂的内部结构。

"我们这是在哪里？"莫德气喘吁吁问道，"不会是在地狱吧？"

"当然不是，"麦克斯韦妖的声音有点儿生气，"我说过，我不是你想的那样。我们只不过是在还没下肚的威士忌表面而已。当你父亲侃侃而谈所谓准遍历系统时，你丈夫就是靠着手中的烈酒才勉强没打瞌睡。小的圆球是水分子，大而长的橄榄球是乙醇分子。简单算一算比例，你就知道你丈夫为他自己调的酒有多烈了。"

就在这时，莫德发现似乎有几头鲸在水中玩耍。

"这是原子鲸吗？"

麦克斯韦妖看了看她指的地方，笑着说："不，不。那是大麦——非常细小的烧焦了的大麦碎片，正是它们赋予了威士忌独特的风味和颜色。每块碎片都是由数百万个复杂的有机分子组成的，也正因此，它们看起来要比单个分子大得多也重得多。你可能觉得它们在'上下翻腾''游来游去'，对吧？"

莫德点点头，"是的，为什么呢？"

"这其实是周围分子撞击的结果，分子从热运动中获得能量，而后击中了那块大麦碎片。一个分子的撞击不会有太大的影响，但在任何给定的时间里，一方受到的影响可能比另一方更多——这一点则纯粹是随机的——叠加起来就会导致大麦被推向特定的方向，而后又是别的什么方向，这就是他们'上下翻腾''游来游去'的动力（见图7）。

"事实上，科学家们就是用这种方法首次直接证明了热学的基本理论，即物质是由不断运动的分子组成的。但是分子太小，小到在显微镜下也看不见，不过好在像大麦碎片这样中等大小的

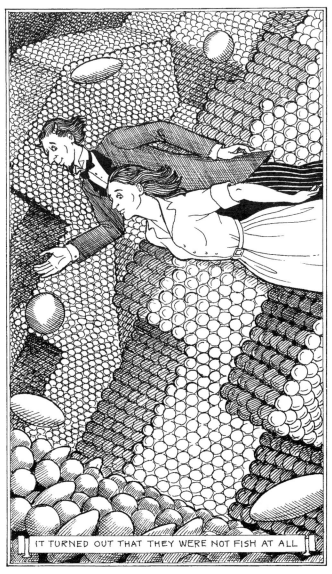

图 7　麦克斯韦妖带莫德遨游分子世界

颗粒可以看到。而且更重要的是，我们看到中等大小颗粒的运动，就像摇摆的舞蹈一样，这就是所谓的布朗运动。于是，物理学家可以通过测量中等颗粒'之字形'路径的范围，结合统计分析方法，从而获得分子运动能量的信息，这个过程不需要看到单个分子。聪明吧？"

麦克斯韦妖带她走进液体表面，莫德看到了一堵透明的墙壁，这堵墙由无数的分子像砖头一样整齐紧密地拼在一起，笔直而光滑地矗立在威士忌海的海面上。

"哇哦！"莫德喊道，"看起来像一个玻璃办公大楼。"

"这可不是什么玻璃，而是冰。"麦克斯韦妖纠正道，"是你父亲杯子里的冰块。现在请你在这儿坐一会儿，我得忙活会儿了！"说着，他让莫德坐在冰块的边缘上，她明显有些害怕，活脱脱像个小心翼翼的登山者。

麦克斯韦妖带着像网球拍一样的工具，潜入了威士忌海。他一边游来游去，一边拍打着周围的分子，把一些分子转向一个方向，把另一些分子转向另一个方向。起初莫德并不明白他为什么这样做，不过渐渐地，他的策略变得清晰起来——快速移动的分子被引导到玻璃的一边，缓慢移动的分子则被驱赶到另一边。他的速度和灵巧均属上乘，这敏捷的思维、这酷炫的技能，跟麦克斯韦妖相比，温布尔登网球冠军们简直就是班门弄斧。

仅仅过了几分钟，麦克斯韦妖已然硕果累累。液体表面的一半被缓慢移动的、安静的分子所覆盖，另一半则波涛汹涌、蒸汽缭绕，成千上万的分子蜂拥而出，像巨大的气泡一样撕裂着威士忌海的海面，麦克斯韦妖也被它们吞噬了，莫德只能偶尔瞥见"嗖嗖"作响的球拍或是他礼服的尾巴。

突然，麦克斯韦妖飞到她的身边。

"快，快走！要不，我们会被烫伤的。"

说着，麦克斯韦妖又一次牢牢地抓住莫德的胳膊肘，使劲把她往上推。她发现自己已经到了院子的上空，正在俯视着父亲和丈夫，她父亲正暴跳如雷。

他惊恐而茫然地盯着自己的威士忌酒杯，"天哪！它沸腾了！"

果然，玻璃杯里的威士忌满是爆裂的气泡，一股厚厚的蒸汽腾空而起。

教授用敬畏的、颤抖的声音喊道，"看！我刚才还在跟你们讲熵增定律中的统计涨落——现在我们真的看到了！这种小概率事件很有可能是盘古开天辟地以来的第一次，速度较快的分子意外地聚集在液体表面特定的地方，然后自我沸腾！我们真是幸运的人，有机会观察到这一非凡现象，我们不仅做到了前无古人，大约也后无来者，至少在可以预期的几十亿年中不会有人看到了。"

莫德继续从上面往下看，从玻璃上升起的蒸汽云逐渐把她包裹起来，很快，她就什么也看不见了。莫德觉得天气变得又热又闷，甚至连呼吸都很困难。她喘着气挣扎着。

"你没事吧，亲爱的，"汤普金斯先生轻轻地摇着她的胳膊，关切地问道，"是不是帽子有点儿压得你透不过气？"

　　莫德醒了过来，定了定神，而后摘下帽子。夕阳西下，正对着她的眼睛。

　　"不好意思，"她嘟哝着，"我一定是睡迷糊了。"

　　她继续躺在那里，苦笑着想起一个朋友说过的话，夫妻相处久了会越来越像——她可不想像丈夫一样整天梦话物理——"不过，驯服一只麦克斯韦妖来干家务倒是个好主意！"

# 11
# 电子部落

几天后的一个晚上，汤普金斯先生吃完晚饭，忽然想起教授要讲原子结构。他答应去的，不过真的感觉特别累——下班车因为线路故障而晚点，车厢里闷得让人受不了，好不容易才到家，汤普金斯先生感觉筋疲力尽。他想着能否不去这次演讲了，岳父大约应该也不大会注意得到，不过就在他合上报纸拿起遥控器准备看会儿电视时，妻子莫德看了看时钟，温柔而坚定地告诉他差不多该动身了。

就这样，他又来到大学礼堂，和一群学生一起坐到了长椅上，教授已经准备开始了……

女士们，先生们：

上一讲里，我答应这次聊聊原子的内部结构，以及这些又是如何影响了物质的物理和化学性质。人们曾经一度认为，原子是最基本的、不可再分的粒子，直到后来科学家们又发现了更小的粒子，比如电子。

　　基本粒子这一概念最早可以追溯到古希腊哲学家德谟克利特（Democritus），早在公元前 4 世纪，他就提出基本粒子是组成物质的最小单位、不可再分。有一天，德谟克利特坐在台阶上，他注意到自己的鞋子磨损了，他很想知道磨损的最小部分是什么，那会是最小、无限小吗？那是个哲思的时代，人们习惯于用纯粹的思考来解决问题，同样的，德谟克利特也无法通过实验寻求帮助，他必须在自己的心灵深处寻找正确的答案。在模糊的哲学思考的基础上，德谟克利特推断，物质无法无限地被分割，我们必须假定存在一种'不可再分的最小粒子'，他把这种粒子称为"原子"，事实上，"ATOMS"这个词在希腊语中的意思就是"不可分割的"。

　　不过，除了德谟克利特和他的粉丝之外，当时的希腊还有另外一个哲学流派，他们认为物质可以无限分解。可以说，物质的基本粒子这一概念在当时以及之后的很长时间，都只是纯粹的哲学假设。

　　直到 19 世纪，科学家们才终于找到了两千多年前古希腊哲学家所预言的那种"不可再分的"基本粒子。1808 年，英国化学家约翰·道尔顿（John Dalton）指出，相对比例……

　　从讲座一开始，汤普金斯先生就知道他来上课是个错误。每每会谈时，他都想让眼睛休息一下，今晚更是无法抗拒这种想法。更何况，他坐在最后一排，大礼堂的墙恰好是个不错的枕头。他就这样半睡半听，讲座从这里开始变得断断续续、模模糊糊。

教授的声音还在模糊地回响，汤普金斯先生感觉仿佛飘浮在空中。他睁开双眼，发现自己竟然以一种不可思议的速度在太空中飞奔。环顾四周，他发现这次奇妙的旅行还不止自己一人。在他附近，有几个模糊的、雾蒙蒙的身影，大家一起盘旋在一个巨大的、看起来颇重的物体周围，所有的人都成双成对地，在圆形或椭圆形的轨道上嬉戏追逐。每一对都像跳着维也纳华尔兹的舞伴，彼此像陀螺一样逆向旋转。汤普金斯先生突然觉得颇为孤独，因为他是队伍中唯一没有舞伴的人。

他闷闷不乐地想，"为什么不带莫德一起来呢？我们本可以在舞会上玩得很开心。"

他的轨道在最外面，尽管非常想加入大家，但似乎有某种神秘的力量让他无法靠近别的舞伴，被排挤的感觉糟糕极了。

汤普金斯先生意识到自己应该是来到了某个原子的电子部落，就在这时，一个电子沿着它扁长的椭圆形轨道从他旁边滑过，汤普金斯先生准备投诉一把。

"打搅了，不过你能告诉我为什么其他人都有舞伴就我没有吗？"

"因为这是个奇原子，而你是一个价……价……价电子！"电子一边大声喊，一边转身回到舞群中。

又一对电子从他身边冲过，一个用尖尖的嗓音说，"价电子要么就得单独存在，要么只能去其他原子那里寻找伴侣。"

另一个则调侃道，"如果你想得到漂亮的伴侣，那得去找氯原子了。"

"我想你是新来的吧，我的孩子，"汤普金斯先生循声抬起头来，一个穿着棕色外衣的粗壮神父正在友好地向他询问。

神父一边沿着轨道同汤普金斯先生一起运动，一边接着说，"我是泡利神父，我的职责就是监视原子和其他地方的电子的社会生活。伟大的建筑师尼尔斯·玻尔（Niels Bohr）建立起了美丽的原子结构，所有的电子都在不同量子小屋上相安无事。为了保持秩序和必要的礼节，我绝不允许超过两个电子沿着同一轨道运动。你知道的，三角家庭 ① 总会麻烦不断。因此，永远是两个'自旋'相反的电子结成一对，如果房间里已经住了一对夫妇，那就绝对不允许第三者插足。我得补充一句，这是个好规矩，从来没有人违反过，因为每个电子都知道这无可辩驳。"

"也许确实是个好规矩，就是现在对我有点不那么友好！"

神父笑了，"看起来的确如此，恐怕那只能怪你运气不好，谁让你是钠原子的价电子呢？钠是个奇怪的原子，它中间那个又大又黑的原子核有 11 个质子，为了中和 11 个质子的正电荷，每个钠原子可以容纳 11 个带负电荷的电子。而 11 是个奇数，你就是那个多出来的电子，不过想想看，有一半的数字都是奇数，其实也没什么大不了的。既然你迟到了，没有舞伴也无可厚非，等会儿就好。"

"你是说我以后还有机会？譬如说，把哪个先到的给踢出去？"

"绝对不行！"神父严肃地朝他摆摆手，警告道，"以邻为壑是绝对禁止的，你必须得有耐心，总会有电子受到外部干扰被甩

---

① ménage à trois，法语，意为三角家庭，即夫妇双方与一方的情人共居的家庭。
　　　　　　　　　　　　　　　　　　　　　　　　——译者注

出去，空出的地方就是你的机会。不过老实说，如果我是你，我可不敢异想天开指望这种好事。"

"它们说，如果我挪到氯原子那去，情况就会好一些，你能告诉我该怎么做吗？"

"年轻人啊，年轻人！做个单身狗不也挺好的吗？独处是上天赐予的机会、是平静灵魂的港湾，俗世凡尘有什么好羡慕的？"神父惋惜地叹了口气，"不过如果你真的尘缘未了，我倒也能帮你实现愿望。"

神父仔细环顾四周，不一会儿，他高兴地指着远处，"那儿，一个氯原子在向我们靠近，瞧，那旁边有个空位置，你一定会大受欢迎。空位置在氯原子电子的最外层，也就是我们通常说的'M壳层'，本来应该有4对8个电子，但是目前有4个电子在一个方向旋转，而相反的方向只有3个，但里面的两个壳层——'K'和'L'壳层——已经完全被填满了。氯原子肯定也已经迫不及待想得到你了，这样它自己的外壳层也可以圆满了！"

神父挥舞手臂吸引氯原子的注意，那神态就像叫出租车一样。

"当它靠近时，就跳过去，价电子通常都是这样干的，祝你幸福！"说完这句话，泡利神父的形象突然消失得无影无踪。

汤普金斯先生心情好了许多，他鼓足了力气，朝着氯原子跳去，令他惊讶的是，这远不像他想得那么艰难，自己很快置身于氯原子M壳层的电子部落中，所有电子都对他欢迎致意，几乎是马上，就有一个自旋相反的新伴侣悄悄飞到他的身旁。

"很高兴你能加入我们，我的搭档，让我们开心地玩耍吧。"

汤普金斯先生欣然同意，这种旅行的确快乐而有趣，但也不是没有隐忧，他的脑海里始终有那么一点挥之不去的道德负担，"等我再见到莫德，我该怎么向她解释呢？或许她不会介意吧？毕竟，她只是一个电子。"

他的同伴一边指着钠原子，一边噘着嘴问，"为什么那个家伙现在还不走呢？难不成还指望你回去？"

此时失去价电子的钠原子正紧紧地黏在氯原子上。

汤普金斯先生也对着之前颇不友好、漫不经心的钠原子皱起眉头，"哼，你觉得怎么样？"

M壳层一个老成员仿佛看透了他的心思，应和到，"哼，它们总是那样的，钠原子的电子部落肯定不希望你回去，不过原子核对你可是真心实意的，可惜它和自己的电子部落总是有一些分歧——原子核想要尽可能多的电子围绕在它周围，而电子部落只在乎电子层本身的完整与否，绝不允许哪个电子层上有多余的不速之客。

"只有少数几种原子的原子核能和自己的电子部落达成一致意见，也就是所谓的稀有气体或者惰性气体，在这些原子内部，原子核所能抓住的电子数刚好等于形成完整壳层所需的电子数，它们既不需要排斥多余的电子，也不需要吸收新的电子来填补空缺，所以氦、氖、氩这样的原子才会显示出令人难以置信地沾沾自喜的自我满足，也因此它们在化学上是不活泼的，所谓惰性，正是此意。"

这个看起来知识渊博的电子继续说，"但在所有其他原子中，电子部落随时准备接收新的电子，再或者总有电子不受待见准备趁机逃走。比如你原来的钠原子，相比每个电子壳层的和谐，原子核上的电荷足以多抓住一个电子，而在我们氯原子中，正常的电子数量还不足以填满最靠外的壳层——这也正是我们欢迎你到来的原因，尽管这会让我们的原子核觉得有点不堪重负。伟大的泡利神父说过，这种有多余电子或电子缺失的原子被称为负离子和正离子。不过钠原子现在少了一个电子变成钠离子，所以总的来说带一个正电荷，这正是它依依不舍的原因，带正电荷的钠离子和带负电的氯原子（氯离子）在静电引力的作用下结合在一起。泡利神父还用'分子'这个词来表示由两个或两个以上原子组成的原子群，比如这种钠离子和氯离子的特殊组合，他称之为'食盐'分子——谁知道那是什么玩意儿。"

"你的意思是说你不知道食盐是什么？那就是你早餐炒鸡蛋时放的东西。"

"那么，'早餐'和'炒鸡蛋'又是什么呢？"

汤普金斯先生也不知道说什么好，他逐渐意识到他的伙伴们显然不太了解人类生活中这些细枝末节的小事儿。不过幸运的是，之前滔滔不绝的"百科电子"对这些好像并不太感兴趣，相比之下她更愿意炫耀自己对电子世界的了解。

"你千万不要以为所有原子变成分子都是通过一个价电子来完成的。举个例子，氧原子最外层就缺两个电子，有些甚至需要三个甚至更多。同样的，某些原子拥有两个或两个以上的额外电子或价电子。当这些原子碰到一块的时候，就会有大量电子从一种原子跳到另一种原子中去，结果就形成了非常复杂的分子，有的分子甚至含有几千个原子。还有所谓的'同极'分子，就是由两个完全相同的原子组成的分子，不过这可说来就有点不开心了？"

"不开心？这是为什么呢？"

"让它们在一起太难了！不就之前，我就碰巧负责过这事儿，那一阵把我都忙晕了。那里根本不像咱们这里，只要价电子高高兴兴地搬个家，原先那个原子少了个负电荷自然就乖乖待在旁边。它们那儿可复杂了，为了使两个完全相同的原子结合在一起，价电子必须不停地跳来跳去，跟打乒乓球一样，还是多拍的那种！"

"百科电子"这句话倒是惊到了汤普金斯先生，它都没听过炒鸡蛋，倒是说乒乓球怎么这么顺口？不过，他倒也没有多想。

"我发誓以后再也不干那事儿了！你看我现在不要太爽！"显然这段不愉快的回忆让它有些激动。"嘿！你看到那儿了吗？那儿好像更好，我要跳那儿去了，有点远，走你！"

说着，它使劲一跳，朝着原子的内部猛冲过去。沿着它的方向望去，汤普金斯先生大概弄明白了是怎么回事儿。一个高速的外来电子意外闯了进来，把K壳层一个电子打了出去，那儿正好空出一个位置，错过这个靠近原子核的机会，汤普金斯先生颇为惋惜。他非常好奇地注视着远去的"百科电子"，那个走运的电子越来越深地奔向深处的原子核，随着一道刺眼的光射出来，那个电子终于停在了新的轨道上。

"那是什么东西？为什么这一切会变得那么明亮？"

"电气跃迁发射出的X射线罢了！"这次回答他的是自己的伴侣，"外壳层的电子如果能够进入内壳层，多余的能量就会以射线的形式散发出来。这个家伙显然走了狗屎运，一下子跳了那么远，因此释放的能量也比较大。通常我们只会近距离跃迁，一般发出的射线叫作'可见光'——至少泡利神父是这样叫它的。"

"可是，我也看见X射线了，为什么它不叫'可见光'呢？"

"我们是电子，对任何射线都很敏感。泡利神父说过，世界上有一种巨大的生物叫'人类'，他们能看到的光的波长范围就很窄。他还告诉我们说，一直到有了一个叫伦琴（Roentgen）的了不起的人，人们才发现了X射线，然后又过了很长时间又把这种射线用在一种叫做'医学'的事情上。"

"是的，这事儿我倒知道得不少。医学啊就是……我的意思是人们用这种科学……"

那个电子粗鲁地朝他打了个哈哈，"我不想扫兴，不过我真的不在乎。为啥不一起跳舞去呢？"说着它拉住汤普金斯先生的手，沿着轨道转了起来。

接下来很长一段时间，汤普金斯先生和其他电子一样不停地进行着华丽的空中飞人表演，这让他产生了前所未有的快感。不过，突然间，他觉得自己的头发都竖起来了，他不禁一个激灵，就像以前在山里打雷雨时一样。一股强烈的电干扰正在向他们的原子靠近，打破了电子运动的和谐，迫使电子严重偏离正常轨道。后来他才知道，那只是一束紫外线穿过这个原子所在的地方，但对微小的电子来说，这无疑是一场可怕的电风暴。

"靠过来一点！不然你会被光电效应 [①] 给甩出去的！"汤普金斯先生听到了同伴的叫声，可惜为时已晚，一股强大的力量让他不得不离开同伴，然后又狠狠地扔了出去，就像有两个强有力的手指把他捏住那样干脆利落。他气喘吁吁地在空中越冲越远，眼前掠过一种又一种的原子。不过实在是太快了，他甚至都很难看清楚那些原子的电子。突然，一个巨大的原子矗立在眼前，很显然要撞上了。

"不好意思，不过我碰上了光电效应，我也没办法……"汤普金斯先生还想礼貌地解释一下，不过没等他说完，已经与外层的一个电子撞了个满怀。他们俩头朝下摔了一跤，汤普金斯先生也因为碰撞和摔跤失去了大部分速度，显然，他又被困在新的环境中了。

缓了口气之后，他开始仔细观察周围的环境，四面八方都是原子，个头比他以前见过的都要大得多。每个原子中有多达29个电子——如果他物理还不错的话，应该认出这些就是铜原子。不过在这么近的距离里，这帮原子看起来一点也不像铜，它们彼此隔得很近、排列整齐，一直排到汤普金斯先生无法看到的地方。

---

① 在高于某特定频率也就是极限频率的电磁波照射下，某些物质内部的电子吸收能量后逸出而形成电流，光电现象由德国物理学家赫兹于 1887 年发现，而正确的解释却是爱因斯坦在 1905 年给出的，爱因斯坦也因此获得 1921 年的诺贝尔物理学奖。　　　　　　　　　　　　　　　　　　　　——译者注

不过让汤普金斯先生惊讶的是，这些原子似乎并不在意电子的数量，尤其是对于外壳层的电子。事实上，外壳层大多都是空的，成群的自由电子优哉悠哉地在外围游荡，这个原子在这里停一下，那个原子在那里待一会儿，时间嘛，就像送快递的，都不会太久。汤普金斯先生想起来了，这就像街角闲逛的成群结队的年轻人，漫无目的、无所事事。

经历了一次惊险的飞行后，汤普金斯先生感觉筋疲力尽，他想着在一个铜原子的稳定轨道上休息一下，然后被拉进了流浪的电子群，也漫无目的地游荡了起来。

"无组织无纪律，太多散漫的电子了，真不知道泡利神父知不知道这些事儿。"汤普金斯先生自言自语道。

"我当然知道，不过无所谓啊！它们也不违反我的规定，不仅如此，它们这样做意义重大。事实上，如果所有原子都像某些原子那样攥着电子不放，也就不会有什么导电性之类的玩意，也就更甭提什么你们家的电话、电灯、电脑了！"

"啊？你是说，这些电子负责电流？但是我没看到它们在朝哪里统一运动啊？"

"你等着瞧好吧！这得有人按下开关，另外，我的孩子，不是'它们'，是'我们'，你自个儿也是导电电子。"

"事实上，我已经厌倦了当电子了，一开始还挺好玩的，但新鲜感很快就消失了。我大概天生就不适合遵守这些规矩，我可不愿意永远受人摆布。"

"那倒也不一定，总会有机会发生湮没，那时的你就不再是你了。"泡利神父反对汤普金斯先生的说法，他可不会这么粗鲁地对待那些平凡的电子。

"湮没！？"汤普金斯先生先颤颤巍巍地重复了一遍，"我还以为电子是永生的。"

"以前物理学家们也是这么想的。不过现在他们知道了更多，电子也像人一样，有生有死。当然，它们不衰老，它们的湮灭很突然，只有通过碰撞才能达到。"

听到这个汤普金斯先生恢复了信心，"我刚刚就经历过一次，要是那碰撞都没有让我'报销'掉，估计我肯定就是个永生电子吧！"

"问题不在于碰撞的力量有多大，而在于和谁发生碰撞。最近那次碰撞中，你大概是撞上了另一个同你一模一样的负电子，这样的碰撞一点危险也没有的，像一对成年公羊互相顶触一样，没什么伤害。但是，你肯定不知道还有一种正电子——也是不久以前才发现的，正电子的行为和你完全一样，唯一的差别在于它们的电荷是正的，而不是负的。当正电子来到你的部落时，你可得小心了，可能它看起来是那么的人畜无害，你甚至会主动走上去和它打招呼。但是，你会突然发现，与以往其他电子与你相敬如宾、保持距离、避免碰撞不同的是，它会主动拥抱你——使劲儿地拥抱你，可能你还没怎么明白，就一切都已经来不及了。"

"为什么来不及了？会怎么样呢？"

"你会被吃掉、被消灭！"

"多么可怕啊！一个正电子要吃掉多少可怜的普通电子啊？"

"万幸的是，它也只能吃掉一个，因为在毁灭掉一个电子的时候，那个正电子自己也毁灭了。就像自杀俱乐部的成员。正电子自己平时当然相安无事，但一旦有一个负电子碰上了它们，必然是凶多吉少。"

"万幸我没有碰上过这样的怪物，我希望它们的数量并不太多。应该是这样吧？"

"是的，并不多。它们总是在自找麻烦，所以产生后很快就消失了。不过一会儿，我应该有机会给你找一个看看。"

一阵短暂的沉默后，泡利神父指着一个重原子核继续说，"看，那里就有一个。看到了吗？一个正电子就是这样诞生的。"

顺着神父手指的方向，随着外界强辐射照射，一阵强烈的电磁干扰袭来，可比把他从氯原子里扔出来的那次干扰要猛烈得多，原子中的电子部落随之瓦解，就像飓风中的枯叶被卷得漫天飞舞。

泡利神父让他好好注意原子核。汤普金斯先生发现，在破损的原子深处——内壳层里边非常靠近原子核的地方，两个模糊的阴影逐渐成形，须臾，两个崭新的闪闪发光的电子诞生并彼此迅速飞离。

汤普金斯先生入迷地说，"为什么会有两个呀？"

"没错，电子总是成对产生，要不然电荷守恒定律就站不住了。原子核在伽马射线的作用下产生了两个粒子，一个和你一样是普通的电子，另一个是正电子，也就是闲不住的自杀俱乐部成员，现在它已经去找寻准备同归于尽的电子了。"

"听起来不那么糟了，随着这个毁灭者正电子的诞生，一定有一个普通电子应运而生，这倒是个好消息，至少电子部落不会因此灭绝。那么我……"

"我要是你，肯定更担心那个正电子！"

"哪一个？所有的看起来都和我一样哈！"

"我也不确定，不过他们中肯定有一个是！"

当新生粒子呼啸而过时，泡利神父急忙粗暴地把汤普金斯先生推到一边，就差一点点，好在那个正电子撞上了另一个电子，伴随着两道刺眼的闪光，什么也没有了！

"看到了吧？"

然而，没等他这种侥幸的喜悦持续一会儿，甚至他还没有来得及感谢泡利神父，突然就觉得自己被拉了一下，然后就和其他所有游离电子一样，朝着同一个方向列队前进。

"嗨！又怎么了？"

"肯定是有人按了开关啦！你们正在通往灯丝的道路上。和你聊天很愉快，再见！"神父一边回答，一边迅速地消失在汤普金斯先生的视线里。

一开始，这段旅程是相当愉快且轻松的，就像在机场里的传送带一样。汤普金斯先生和其他游离电子一起缓慢地穿过一个个原子晶格，他试着和旁边的电子聊聊天。

"这趟旅行可真不错，对吧？"

那个电子的眼神明显不是这个意思，"新来的吧！马上有你受得了！"

　　汤普金斯先生不知道这是什么意思，不过很显然这不是他喜欢的回答。他的确马上就知道了。突然，通道变窄了，所有的电子被挤压在了一起，周围变得越来越热，越来越亮。

　　"振作起来！"他的同伴嘟哝着往他身上挤过来。

　　这时汤普金斯先生醒了，才发现长椅上旁边的女士也睡着了，还斜靠在他的身上，一直把他推到了墙上。

# 11½
# 睡过的课

事实上，1808 年英国化学家道尔顿就指出，各种复杂化合物中的化学元素总是遵循特定几个整数的数量比。道尔顿断言，各种化合物均由一个个代表简单化学元素的粒子构成，差别之处只在于数量各不相同。中世纪的炼金术士一直梦想可以把一种化学元素转变成另一种化学元素，而道尔顿的发现证明了这些粒子显然是不可分割的。因此，人们用古希腊语中"不可再分的"一词将其命名为"原子"。

现代物理学家称为"原子"的粒子，根本不是德谟克利特想象出的那种不可分割的哲学"原子"，哲学上的"原子"一词或许用在电子和夸克等构成"道尔顿的原子"的更小粒子上更加贴切。不过基于科学的连续性，大家对这种哲学上的不一致性视而不见。于是，科学家们保留道尔顿意义上的旧名称"原子"，并将电子和夸克等粒子称为"基本粒子"。你可能会问，历史是否会重演？随着科学的进一步发展，现代物理学的基本粒子是否仍然可以再分？我的回答是，尽管不能绝对保证这种情况不会发生，但我们有充分的理由相信，这一次我们是对的。

事实上，自然界总共有 92 种不同的原子，对应 92 种不同的化学元素①。每一种原子都各不相同，特性也极为复杂。这就要求我们寻找某种方式对其进行简化。

那么道尔顿的原子又是怎么进一步由基本粒子构成的呢？首先提出这个问题的是著名的英国物理学家卢瑟福（Ernest Rutherford），他在 1931 年受封为纳尔逊男爵。当时卢瑟福正在研究原子的结构，他用放射性元素在嬗变过程中产生的 α 粒子去轰击各种原子。令人震惊的是，虽然大多数 α 粒子都穿过原子并产生了非常小的角度偏转，但的确存在少数 α 粒子被反弹了回去，于是卢瑟福断定，原子一定存在某种小而致密的带正电的靶心，也就是所谓的原子核，而环绕在其周围的是稀薄的带负电的电子云。

后来人们又发现，原子核由一定数量的质子和中子构成，质子带正电而中子则是电中性的。质子和中子除了电性以外基本相同，两者在强相互作用力②下紧紧维系在一起。即使所有的质子都带正电荷，强相互作用力却可以克服相斥的静电力让它们待在

_____

① 截至目前，共有 118 种元素被发现，书中特指存在于地球上的化学元素，一般认为自然界最重的元素是铀。不过也有科学家认为自然界现存最重的元素是 93 号镎，因为在铀矿中，铀-238 会先捕获中子成为铀-239，再透过 β 衰变成为镎-239，镎-239 的半衰期为 2.35 天，所以在天然环境中铀矿中有极微量的镎。
　　　　　　　　　　　　　　　　　　　　　　　　　　——译者注
② 四种基本力之一，自然界中只存在四种基本的力（或称相互作用），其他的力都是这四种力的不同表现。这四种力是：引力、电磁相互作用力、弱相互作用力、强相互作用力。　　　　　　　　　　　　　　　——译者注

一起，这也是强相互作用力名称的由来。

至于周围的电子云，则是由成群结队的电子构成，电子在原子核中质子的正电荷静电引力作用下围绕着原子核转动。电子数量因原子类型的不同而不同，并决定了所有物理和化学性质。这一数量沿着化学元素的自然序列变化，从含 1 个电子的氢原子到含 92 个电子的铀原子，后者也是已知自然界中存在的最重元素。

尽管卢瑟福的原子模型看起来很简单，但要想详尽地理解它也绝非易事。例如，是什么使得电子避开了静电引力而避免了被吸进原子核？在经典理论中，唯一的解释是电子在避开原子核，就像太阳系中的行星避免被拉向太阳一样，通过围绕引力中心的轨道运动来实现。但不幸的是，根据经典理论我们还知道，当轨道物体带电时，它会逐渐辐射能量，而这些稳定的能量损失会让电子的动能持续减小，那么所有形成电子云的电子都应该在不到一秒的时间内坍缩在原子核上。然而，这些我们曾经笃信的理论却与实验事实大相径庭，电子没有在原子核上坍缩，而是无休止地围绕原子核旋转，稳定如斯。也就是说，经典理论在解释原子及其粒子行为时出现了不可调和的矛盾。

正是这种矛盾让著名的丹麦物理学家尼尔斯·玻尔（Niels Bohr）意识到，几个世纪以来，在自然科学体系中被奉若神明的经典力学，从现在起应该被视为一种受限制的理论。经典力学只适用于日常的宏观世界，却在解释原子内部的微观运动时变得苍白无力。

玻尔认为，必须探索一门全新的力学——一种更通用的、适用于原子内部微观运动的力学，玻尔提出，在经典力学中，电子可能存在无限多种运行轨道，但实际上电子只在少数经过特殊选择的轨道上绕原子核运行，而这些被允许的轨道是根据特定的数学条件选择的，这就是玻尔理论的量子化条件。

当然这些量子化条件不是我们研究的重点，我想说的是，这些量子化条件事实上并不影响旧的经典理论。当运动物体质量远远大于原子或者基本粒子时，这些限制事实上变得毫无实际意义。因此，当新的量子力学应用到宏观物体上时，比方我们研究绕轨道运行的行星时，得到的结果与经典力学其实没有区别。比如，根据对应原理①，尽管一颗行星的确存在一定数量的绕太阳运行的轨道，但这些轨道数量众多，彼此之间又非常接近，因此这种限制并不明显。只有在微小的原子中，相邻能级之间的差异变得异常明显，以致我们无法忽略轨道限制的影响。

具体不展开说了，直接说玻尔理论的结果（见图 8）：在这张幻灯片上，大家可以看到一系列放大的圆形和椭圆形的轨道，它们就是玻尔理论的量子化条件所允许的特定原子可能的运动类型。经典力学允许电子在远离原子核的任何距离上运动，而且这种运动不受偏心率（即扁长度）的限制，而在玻尔理论中，轨道形成了一个离散的集合，所有的特征维度都有明确的定义。每个轨道旁边用一个数字和一个字母的组合表示该轨道的名称，当然

---

① 其主要内容是，在原子范畴内的现象与宏观范围内的现象可以各自遵循本范围内的规律，但当把微观范围内的规律延伸到经典范围时，则它所得到的数值结果应该与经典规律所得到的相一致。 ——译者注

图 8　玻尔的原子结构理论

你应该已经注意到了，较大的数字对应着较大直径的轨道。

　　尽管玻尔的原子结构理论在解释原子和分子的各种性质方面富有成效，但客观地说，离散量子轨道的基本概念仍然十分模糊。越是深入分析量子化条件，整个情况就越混乱。很明显，玻尔理论的根本问题在于，它人为地为经典力学加入了一系列限制条件，充其量只是经典理论的小修小补，而这些限制条件本身又与经典理论的架构产生了冲突。很显然，我们需要一些革命性的反思！

　　13 年后，量子力学应运而生，这种又被称为波动力学的全新力学给出了完美的解决方案，也彻底改变了经典力学。尽管量子力学体系乍一看可能比玻尔理论更加疯狂，但这种新的微观力学却成为今天理论物理中最合乎逻辑、最为人接受的部分。在上一讲中，我们详细讨论过这些，尤其是关于海森堡测不准原理和弥散轨道等，这里不再赘述，只简单而仔细地看看这些理论在原子结构研究中的应用。

　　在第二张幻灯片中，可以清楚地看到被量子力学可视化的弥散轨道。事实上，这幅图所表示的正好是上一幅图用受限制的经典力学推算出的运动类型，只不过为了更清晰起见，我们把上图的内容一分为六（见图9）。可以看到，玻尔理论中那种轮廓清楚的轨道不见了，取而代之的是基于测不准原理的模糊状态。稍微拓展一下想象力，你就会发现这些云雾状的图案其实与玻尔轨道说的完全是一回事儿。例如，较大的数字对应较大的图案，圆形轨道具有球形形状，椭圆形轨道的图案是扁长的……一切只是增

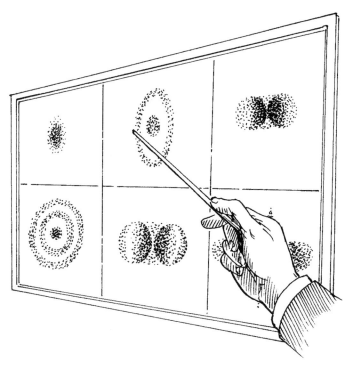

图 9　被量子力学可视化的弥散轨道

加了量子作用而已，可能大家需要一点时间来适应，不过我可以
肯定地说，微观物理学家对此毫无异议。

　　原子中的电子云可能的运动状态就到此为止了。现在来讨
论另一个重要的问题，那单个电子呢？这里必须引入一个新的理
论———一个在宏观世界中无法想象的理论。该理论最初由沃尔夫
冈·泡利（Wolfgang Pauli）提出，他说在一个给定的原子内，任
何两个电子都无法同时具有相同的运动类型，也就是大名鼎鼎的

泡利不相容原理[①]。在经典力学中，这其实没什么意义，因为经典力学本身就允许无限多可能的运动状态。但在量子力学领域，由于可能的运动状态数量是有限的，泡利不相容原理就显得意义非凡，它保证电子只能或多或少均匀地分布在原子核周围，而不可能拥挤在某个特定的点上。

需要指出的是，这并不是说图 10 中所示的每一个弥散量子态都仅仅属于一个电子。事实上，除了沿着轨道的"公转"之外，每个电子也在"自转"，这与地球和太阳的关系没有分别。因此，如果两个电子沿同一轨道运动，只要它们自旋方向不同，同样也不会违反泡利不相容原理。现在，通过对电子自旋的研究表明，电子自旋速度永远相同，而且自旋轴的方向必定与轨道平面垂直，也就是说，电子实际上仅存在"顺时针自旋"和"逆时针自旋"两种可能。

因此，在原子中泡利不相容原理可以表述为，每个量子态最多可以容纳两个电子且这种情况下电子自旋一定相反。当我们沿着元素的自然序列向电子数量越来越多的原子前进时，会发现距离原子核由近及远，不同的量子态先后被电子填满，相应的原子直径也就越来越大[②]。

--------

① 完整的、更加通用的表述是"在费米子组成的系统中，不能有两个或两个以上的粒子处于完全相同的状态。" ——译者注
② 更详尽的说法是，"完全确定一个电子的状态需要四个量子数，因此泡利不相容原理在原子中就表现为：不能有两个或两个以上的电子具有完全相同的四个量子数，或者说在轨道量子数 $m$, $l$, $n$ 确定的一个原子轨道上最多可容纳两个电子，而这两个电子的自旋方向必须相反。" ——译者注

　　说到这里必须提到俄罗斯化学家德米特里·门捷列夫
（Dimitrij Mendeleéff）的元素周期表，从电子结合强度看，可以
把原子中电子的不同量子态分成几组，也称为电子壳层。顺着元
素的自然序列，这些量子态总是充填满一组以后才接着充填另一
组。原子的性质也因此会周期性地发生着变化。

# 12
# 原子核内

下一讲是专门介绍原子核内部结构的，如往常一样，汤普金斯先生到场，教授开讲。

女士们，先生们：

是时候开启智慧的双眼，深入原子核内部一探究竟了！尽管原子核只占原子本身总体积的几亿分之一，尺寸小得令人难以置信，却充满了令人兴奋的活性。

穿过稀薄的电子云进入原子核的领域，我们马上会因为质子和中子极端拥挤的状态感到窒息。别看它小，质量却占到了原子总质量的 99.97%。如果这里的粒子像人一样，你就知道什么是真正的摩肩接踵。核内部所呈现的图像与液体的图像有些相似，只不过我们在这里遇到的不是水分子，而是小得多的质子和中子，就其几何尺寸准确而言，大约为 0.000000000000000001 米。

前面我们已经说了，质子和中子在强相互作用力的作用下彼此挤在一起，就像作用于液体分子之间的力一样，当然客观地说强相互作用力要比后者大得多，你知道的，液体分子虽然彼此不怎么分开，但是并不妨碍它们之间发生相对位移。原子核在某种程度上就具有流体的性质，在不受任何外力作用时，原子核像真空中的水滴，是球形的。

在图 10 中，大家可以看到由质子和中子构成几种不同的原子核。最简单的是氢原子核，它只含有一个质子，而最复杂的铀原子核中则含有 92 个质子和 142 个中子。当然，这些图都是高度理想化的示意图，我们前面已经知道了，根据量子力学中著名的海

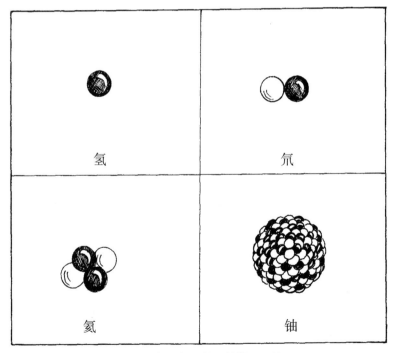

图 10 氢、氘、氦、铀的原子核

森堡测不准原理，每个核子的位置实际上都是高度"弥散"的。

原子核的各个粒子依靠强相互作用力聚集在一起，不过这并不是原子核中唯一的力，还有一种力与之相反。是的，大约占原子核粒子总数一半的质子都带着正电荷，会产生静电斥力。对于比较轻的原子核，因为电荷较少，静电斥力无足轻重。但是，对于比较重的原子核，由于电荷也很多，静电斥力作用就不可忽视了。同时我们还知道，强相互作用力是短程力，只在相邻的核子之间起作用，而静电力却是长程力，这也就意味着，尤其对于处在原子核外围的质子而言，能真正提供强相互作用力的好邻居寥寥无几，而静电斥力则是每个质子都会提供的。因此，当质子超过一定的数量时，原子核就变得不再稳定，总有一些部分会被驱逐出去，在门捷列夫元素周期表的尾部，那些"大原子"正是如此，人们也称之为"放射性元素"。

基于上述我们所讲的内容，大家可能很容易得出以下结论：这些不稳定的重原子核会发射出质子，因为中子是电中性的，静电斥力犯不着惹它们。但实验结果告诉我们，实际上被发射出的是"α粒子"也就是氦核，一种包含两个质子和两个中子的复合粒子。科学家们解释说可能是因为两个质子和两个中子结合而成的α粒子组合特别稳定，因此一下子发射四个粒子的粒子团要比把它分裂成质子和中子容易得多。

放射性衰变现象最早由法国物理学家亨利·贝克勒尔（Henri Becquerel）发现，而最早将其解释为原子核自发嬗变却是著名的英国物理学家卢瑟福——是的，就是我们前面提到过的卢瑟福——他对原子物理学厥功甚伟。

衰变过程有一个奇特的特征，α 粒子需要极长的时间才能"逃离"原子核，对于铀和钍来说，这一时间长达数十亿年，而镭大约需要 16 个世纪，不过也有一些元素的衰变只需要几分之一秒（不过即使如此，与核内运动的速度相比，它们的寿命仍然很长）。我们不禁要问，是什么力量把 α 粒子困在原子核中长达数十亿年，又是什么让它历经数十亿年的坚守后最终弃核而去？

回答这个问题首先要进行一个简单的比较，比较强相互作用力和静电斥力的相对强度。卢瑟福曾经利用一种叫作"轰击原子"的方法对两种力做过细致的实验研究。他在卡文迪许实验室（Cavendish Laboratory）做过一个著名的实验：他用一束某放射性物质发出的 α 粒子射到物质上，观察这些 α 粒子轰击物质原子核碰撞而发生的偏转（散射）。当 α 粒子远离被轰击的原子核时，受力应当主要为核电荷的长程静电斥力，但是如果 α 粒子能够射到非常靠近原子核的区域，这种斥力就被强烈的引力所取代。换句话说，原子核有点像一个四周有又高又陡的围墙的势垒，它的围墙既不让粒子从外部进入，也不让粒子从里面逸出。

但卢瑟福的实验最令人惊讶的结果之一正在于：在放射性衰变中，从原子核中出来的 α 粒子所拥有的能量可能太小了，小到根本不足以越过这一势垒。这一点又让当时的经典物理学家们傻了眼，也就是如果用比到达山顶所需的能量更少的能量扔出一个球，怎么能期望它可以翻山而过呢？他们认为卢瑟福的实验中一定有什么错误。

其实，没有任何错误，至少卢瑟福没有，反而恰恰是经典力学不堪重负。乔治·伽莫夫（George Gamow）、罗纳德·格尼（Ronald Gurney）和 E·U·康登（E. U. Condon）同时指出，这一点在量子理论世界不足为奇。要知道量子物理学中根本不存在经典理论中那种定义非常明确的线性轨迹，有的只是幽灵般的弥散轨迹，一如他们畅行无阻地穿越中世纪古堡厚厚的石墙。

请大家相信我真的不是在开玩笑，势垒被能量不足的粒子所穿透不仅是一种可能，更是量子力学的基本方程直接给出的数学结果，这一点可能是新旧理论之间最大的差异。不过，即使量子力学默许了这种可能，却也有着严格的限制条件——绝大多数情况下，穿过势垒的机会微乎其微，粒子要经过无数次的碰壁才能最终成功。量子理论给出了逃逸概率的精确公式，事实也证明 α 衰变的周期与量子理论预测的结果完全一致，而且即使是对于那些从外部射入原子核的粒子而言，量子力学的计算也与实验结果完全一致。

在进一步讨论之前，我想先给大家看几张照片（见后文），这些照片展示了几种被高能粒子所轰击的原子核的衰变过程。第一张是对照的原始云室照片，由于亚原子粒子如此之小，即使在最强大的显微镜下，人们也无法直接看到它们。所以不要指望我能给出它们真的照片，我们必须另辟蹊径。

大家可以想象一架高速飞行的飞机所留下的蒸汽尾迹，飞机本身可能飞得很快，快到我们想看它的时候它早已飞到别的地方去了。不过，我们可以从它留在身后的蒸汽轨迹知道它的行踪。

威尔逊（C.R.T. Wilson）正是使用了这种简单的方法让亚原子粒子"无处遁形"。威尔逊设计了一个含有气体和水蒸气的观察室，然后利用一个活塞使气体突然膨胀，从而降低观察室的温度，蒸汽也因此处于过饱和状态。过饱和状态全都倾向于形成云，但是云又没有办法脱离凝结核而形成，也就是必须有可以附着的东西。大气中的云也是如此形成的，大气中有很多尘埃，蒸汽正是附着在尘埃上凝结形成小水滴，并最终聚集形成了云。

威尔逊云室的巧妙之处就在于他清除了一切尘埃，打造出一个非常干净的云室。那么，小水滴会在什么地方形成呢？原来当时科学家们已经发现，当带电粒子通过介质时，会击中路上的原子并击出一些电子，这些被电离的原子就成了凝结核，依靠它们可以形成越来越大的水滴。于是，在云室中，只要有带电粒子穿过，就会在其身后留下一串被电离的原子，并以之为凝结核形成一串小水滴，这些小水滴在几分之一秒内就长得很大，大到人们可以观察到它们并给它们拍照。

图 11 所示的幻灯片上展示的正是这种情况，从图的左边开始出现许多串小水滴，每一串都对应着一个强 α 射线源发出的 α 粒子。这些 α 粒子大多都没怎么偏转就穿过了我们的云室，但是其中一个刚巧击中了一个氮原子核，那条轨迹在碰撞点处断开，大家可以看到，从这点开始出现了两条轨迹，朝左上方飞去的那条细长轨迹应该是从氮原子核中击出的一个质子留下的，而朝右下角飞去的那条短粗轨迹则是原子核自身反冲的结果，不过它已经不再是氮原子核了，而是失去一个质子、吸收一个 α 粒子后变成

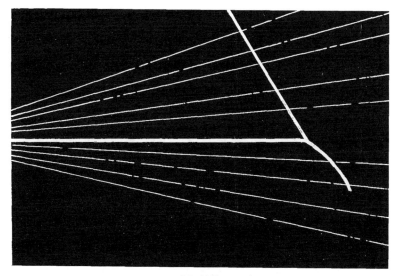

图 11　我们转变了元素！

了氧原子核。我之所以给大家看这张照片，原因之一也是因为这是人类有史以来拍摄到的第一张人为转变元素的照片，这一伟大成就由卢瑟福的学生帕特里克·布莱克特（Patrick Blackett）完成。

　　这种转变是当今实验物理学中非常有代表性的典型例子。在所有这类转变中，α 粒子、质子或中子等入射粒子穿透到原子核中，把其他粒子踢出去，自己鸠占鹊巢。在所有这些嬗变中，都会形成一种新的元素。

　　直到第二次世界大战前夕，德国化学家哈恩（O.Hahn）和斯特拉斯曼（F. Strassmann）才发现了不同的原子核变化——一个重核分裂成两个大致相等的部分，同时释放出大量能量。下一张幻灯片说的正是这种情况（见图 12），铀原子核的两块碎片从

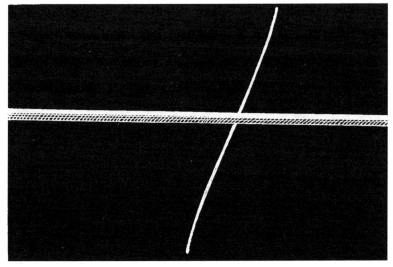

图 12　核裂变

一张很薄的铀箔飞出，方向正好相反。这种现象被称为"核裂变反应"，最早在中子束轰击铀的过程中发现。而科学家们很快就发现，凡是靠近周期表末尾的元素都可以产生类似现象。如此说来，这些重核的确随时都处在稳定与不稳定的一线之间，因此即使中子的撞击只提供了很小的扰动，却足以使它们一分为二。这也正是超铀元素①在自然界无法存在的原因，因为任何一种比铀更重的元素都会很快地裂变成更小的元素，这一过程不需要任何外界刺激。

　　核裂变发现的巨大意义在于，使利用核能成为可能：当重

---

①　原子序数大于 92（铀元素）的元素统称为超铀元素。　　　　——译者注

核分裂时，会以辐射和高速运动粒子的形式发射出能量，而在这些高速运动粒子中又有一些是中子，它们可以进一步引起邻近原子核的裂变，而后者又能够导致更多中子的发射，产生更多次的裂变，也就是发生所谓的链式反应。只要铀原料足够多，多到达到我们所说的临界质量，被发射出的中子便有足够高的概率去击中其他原子核从而引起下一轮裂变，裂变过程也就会自动持续下去。这种爆炸性的反应足以在几分之一秒的时间内把贮藏原子核里能量释放出来，第一颗原子弹正是在这个理论的基础上问世。

幸运的是，链式反应并不一定会导致爆炸，裂变过程也可以在严格控制的条件下稳定地释放出一定的能量，核电站就是这样。

而且，重核裂变并不是开发核能的唯一途径，科学家们还可以把氢原子一样的轻核合成比较重的元素，这种过程称为"核聚变反应"。

当两个轻核相接触时，它们就像碟子里的两滴水一样会融合在一起。当然，因为随着距离的靠近，两个轻核会在静电斥力作用下被阻止接触，因此核聚变只有在非常高的温度下才能发生，当温度达到数千万度时，静电斥力无法再阻止接触，聚变过程也就随之开始了。最适合核聚变过程的原子核是氘，也就是重氢原子的原子核，好消息是氘可以很容易地从海水中提取出来。

大家也许会觉得奇怪，为什么聚变和裂变都能够释放出能量呢？事实上，至关重要的是中子和质子的某几种组合要比其他组合更稳定、更牢固。当松散组合变成稳定组合时，多余的能量就可以释放出来。这一点和轻重没有本质的关系，比如，作为重

核的铀原子核是相当松散的，而它通过裂变变成的组合就更加牢
固、稳定；而拥有很多轻元素的另一边，却使得原核子较重的组
合更加牢不可破，比如由两个质子和两个中子组成的氦原子核
就固若金汤。因此，几个分开的原核子或氘核发生碰撞转变成氦
时，就会释放出多余的能量。

氢弹的基本原理正是如此。氢弹爆炸时，氢通过包括聚变在
内的一系列反应转变成氦，这个过程释放出的能量要多得多，因
此氢弹的威力也远比基于裂变的原子弹大得多。遗憾的是，和平
使用核聚变的难度也很大，基于核聚变的商用核电站还有很长的
路要走。

不过，这一点对于太阳来说却易如反掌，氢不断转变成氦的
核聚变反应正是太阳的主要能源，这种反应已经进行了大约 50
亿年，也还会继续进行下一个 50 亿年。

而对于质量比太阳大的恒星，由于其内部温度更高，也会发
生更多的核聚变反应，比如把氦转变成碳、把碳转化为氧……甚
至一直可以转变为铁。是的！一直到铁，铁以后核聚变反应并不
能支持获得更多能量，如果想得到有用的能量，就只能指望前面
提到过的，正好相反的过程——核裂变。

# 13
# 老木雕匠

那天晚上，汤普金斯先生听完演讲回到家，莫德已经睡着了。他给自己冲了杯热巧克力，在她身旁坐下，回想着演讲的内容，尤其是与原子弹有关的部分。核毁灭的威胁使他坐立难安。

"绝无可能，可得当心点，不然我会做噩梦的。"他这样默默地告诉自己。

放下喝空的杯子，汤普金斯先生关灯挨着莫德躺下，还好，并不全是噩梦……

梦里，汤普金斯先生走进了一个作坊，作坊的一侧有一张长长的木质工作台，上面摆满了简单的木匠工具。一个老式的橱柜靠墙而立，里面放着各种各样奇形怪状的木雕。一个和蔼可亲的老匠人正在工作台边忙活着，老头长得很面熟，有点像迪斯尼《皮诺奇》里的格培多老头，又有点像教授实验室墙上挂着的卢瑟福照片。

汤普金斯先生打开话匣子，"不好意思，您长得很像核物理学家卢瑟福爵士，你们是亲戚吗？"

"为什么问这个？你对核物理学很感兴趣？"老头一边回答，一边把手中的活计放在一旁。

"正是如此，不过需要声明的是，我可不是什么专家……"

"恭喜你，来得正是地方。我最近正好在制造各种原子核，很乐意带你在我的小作坊里四下看看。"

"你在……制造……原子核？"

"对的，当然这需要一点技术，特别是制造放射性原子核的时候，可能我们还没来得及涂色，它们就已经裂变了。"

"涂色？"

"是的，把带正电的粒子涂上红色，把带负电的粒子涂上蓝绿色。你知道的，红色和蓝绿色是互补色，混合之后就会相互抵消变成无色的。这一点与正、负电荷相互抵消变成电中性是一样的。"

"好像不是吧？至少不会是纯无色。如果把红色和蓝绿色颜料混在一起，好像只能得到一种浑浊的颜色。"

"说得对，混合颜料本身并不能变成无色。但是如果把一束红色的光和一束蓝绿色的光混合在一起，我们就会看到白光了。"

汤普金斯先生仍然有点将信将疑。

"还是不信的话，你可以拿一个陀螺试试，把陀螺一半涂成红色、另一半涂成蓝绿色，就像我这个一样，然后让它快速旋转。看，怎么样？是无色的吧？不过这只是小插曲，不重要，就像我说的，把原子核里的质子涂成红色表示它们带正电荷，把原子核外的电子涂成蓝绿色，这样对于一个正常原子而言正负电荷相互抵消，我是说如果原子由数量相等的正负电荷组成，这些电荷又在快速地来回移动，原子就是电中性的，我们看上去就是白色的。如果正电荷或负电荷多，整个系统就会被染成红色或蓝绿色。明白了吗？"

汤普金斯先生这才点点头。

接着，老匠人指了指工作台旁边的两个大木箱，"这是存放各种材料的地方，它们可以用来建造各种原子核。第一个盒子里红色的球是质子，质子相对稳定，除非用刀或其他东西刮掉，否则颜色会永久保持；另一个盒子里白色的中子就麻烦多了，它们是电中性的，但是又有很强的转变成红色质子的倾向。平时把盒子关得严严实实，一切都没问题。但是只要拿一个出来，喏！你自己看！"

老木雕匠说着已经打开了第二个盒子，拿了一个白球放在工作台上。起初并没有什么特别，但就在汤普金斯先生等得不耐烦时，那个球却活跃起来，表面开始呈现出一些不规则的红、绿条纹，看起来就像小朋友们喜欢的彩色玻璃弹珠。再然后，蓝绿色逐渐集中到球的一侧，并最终与原来的中子球完全分离，变成一个孔雀绿的明亮绿点，抖落在地板上；而那个球则完全变成了红色，与第一个盒子里的质子看起来没有任何分别。

"看见了吧？中子的白色又分解成了红色和蓝绿色。"老匠人边说边捡起地上的球，"你看，中子分解了，这已经是个电子了，桌上还有个质子，那边还有个中微子。"

"什么子？这又是什么？"

"中微子，它跑到那里去了，你看到了吗？"

"看到了，不过现在看不到了，它跑到哪里去了？"

"这就是中微子，特别狡猾。中微子能够穿过一切物体，不论是关着的门还是厚厚的墙，我从这里打一发中微子，理论上它也可以穿过整个地球从另一边飞出去。"

"啊哈！匪夷所思！这可比我看到的手绢魔术要好玩多了，你能把颜色变回来吗？"

"当然可以，我可以把这个电子再揉回这个红球上，也就是把蓝绿色和红色混合再变成白色，当然这需要一点能量。也可以把红色的颜料刮掉，同样也不能白干，质子上刮下来的颜料会形成一个红色的小滴子，也就是你大概已经听说过的正电子。"

"是的，我当电子的时候……"汤普金斯先生意识到自己说错了话，很快纠正了自己，"我是说，我听说过，正电子和负电子碰到后会互相湮没，这个你也能变吗？"

"易如反掌，不过把颜料从这个质子上刮下来却要费老鼻子劲了，估计要花一个上午吧？好在咱们这儿正好还多出两个正电子。"

木雕匠拉出一个抽屉，拿出一个明亮的小红球，用大拇指和食指紧紧捏住，慢慢地放到台子上那个小绿球的旁边。一声尖锐的爆竹一样的声音过后，两个小球都消失了。

"看到了吧？"木雕匠一边继续说，一边吹着自己被轻微烧伤的手指，"所以我们不能用电子制造原子核，原来我试过了，不过最终还是失败了，只能用质子和中子。"

"可是，您刚才证明了，中子同样是不稳定的啊？"

"只有中子时的确是这样的。但是只要我们把它们挤到原子核里和其他粒子待在一起，中子就稳定了。只不过如果比例不对，比如中子或质子相对说来太多的话，多余的部分就会以正电子或负电子的形式被转化释放出来，科学家们把这些正负电子称为 β 粒子，相应的过程一般称之为 β 衰变。"

"那制造原子核要用胶水吗？"

"不用不用，只要把这些粒子弄到一块，一接触它们自己就会粘在一起。不信你试试看。"汤普金斯先生按照木雕匠的指引，一手拿一个质子、一手拿一个中子，小心翼翼地把它们放到一起。突然，他感到一股强大的吸力，然后就发现两个粒子不停交换着彼此的颜色—— 一会儿红、一会儿白——就像颜色会自己跳来跳去，不对，是快到好像有一条粉红色的带子绑着它们，颜色在沿着带子来回移动。

"我的那些理论物理学家的朋友管这叫作交换现象，当两个球这样放在一起的时候，大家都想带电，所以都倾向于变成红色。但是彼此谁也不比谁厉害，所以，就轮流拥有电荷喽！谁也不愿意退一步的结果就是彼此粘在一块，甚至要费很大的劲儿才能把它们分开。你看制造原子核简单吧？你想造个什么原子核？"

"金。"汤普金斯先生一下子就想起了中世纪的炼金术士。

"试试呗！"老匠人看了看墙上的大表喃喃说道，"金的原子

质量数是 197，带有 79 个正电荷，所以我们需要 79 个质子、118
个中子。"

他如数数出粒子，然后放进一个长长的圆筒里，接着用一个
重重的木质活塞塞上筒盖，使尽全身力气把活塞往下压。

"我必须这样做，"他向汤普金斯先生解释道，"质子都带正
电，这么多的质子静电斥力很大，不过一旦木塞的压力克服了这
种斥力，它们之间的强相互作用力就会把它们粘在一块，我们就
得到想要的原子核了。"

老匠人把木塞压到尽可能最深的地方，然后才拔出来，紧接
着又飞快地把圆筒翻转过来，一个闪闪发光的粉红色圆球滚到台
子上，仔细观察后，汤普金斯先生发现粉红色也是由于粒子交替
发出红色和白色的光造成的。

"漂亮！这就是金原子了吧？"

"只不过是金原子核而已，要制成原子还必须添加同等数量
带负电的电子，这些电子会中和原子核的正电荷，也就是说做一
个电子外壳把原子核包住，不过这个倒是不难，只要原子核周围
有电子，它们就能自己抓住它们。"

"嗯？我岳父从来没说过啊！怎么可能这么简单就制造出
金子呢？"

"你岳父？他和其他核物理学家一样！"老匠人有些感慨，
"是的，他们能把一种元素变成另一种元素，但极其有限，少到
他们自己都难以启齿，我给你看看他们是怎么搞的。"

他拿起一个质子，用力朝台子上的金原子核扔去。接近金原

子核外围的时候质子好像稍微犹豫了片刻，速度明显慢了一点，不过最终还是一股脑撞了进去。吞了质子的原子核好像打摆子一样哆嗦了一会儿，然后噼啪一声分裂出一小部分来。

"那就是他们叫作 α 粒子的玩意儿，包含两个质子和两个中子，一般由所谓放射性元素的重原子核中衰变产生，不过事实上只要把普通的稳定原子核敲打得足够狠，也能敲出来这种粒子。你看，台子上的那一大块碎片已经不是金原子核，里外里少了一个质子，它现在已经变成铂原子核了，就在金前面！不过有时质子进去并不一定会让原子核分裂，那么多吃了一个质子的金原子核就会变成汞原子核。以此类推，我们实际上无所不能，哪种元素都不在话下。"

"那为什么不把量大一点儿的比如铅这样的普通元素变成价值更高的元素呢？比如金子？"

"因为轰击原子核的效率太低了，一则很难像我这样准确地打出炮弹，通常只有几千分之一的命中率，二则即使命中了很可能也无法进入原子核的内部，而是被直接弹回去。你刚才也看见了，质子快到金原子核时也差点停下，我当时就以为它可能会被弹回来呢。"

"到底是什么东西阻碍炮弹进入原子核呢？"

"明知故问吧？原子核和作为炮弹的质子全部带正电，这种静电斥力就形成一种难以逾越的势垒。事实上，进去的质子也不是正大光明地强攻进去的，而是向特洛伊木马一样靠着波的特性混着渗透进去的。"

汤普金斯先生正想说有点懵了，突然灵光一闪觉得自己又理解了。

"嗯嗯，我看过一次奇怪的斯诺克球比赛，那儿就有这种球，刚开始被封闭在三角木框里，不过不一会儿就有球穿过那个木质堡垒'漏'出来似的跑到外面，我当时还担心老虎会不会也从铁笼里漏出来呢。应该是一回事儿吧？只不过这里没有什么斯诺克球和老虎，而是质子漏进去罢了？"

"差不多吧！不过实话说，理论从来不是我的强项，我是个实干家。不过很显然，只要那些材料都有量子属性，就一定能穿过我们一般认为无法通过的障碍物。"

老匠人停了一下，认真地看着汤普金斯先生，"那些斯诺克球不会真的是量子象牙的吧？"

"我了解正是如此，它们应该就是用量子大象制成的。"

"好吧！这就是生活，他们暴殄天物地用宝贵的象牙纸醉金迷，我却只能用普普通通的量子橡木雕刻质子和中子——整个宇宙最基本的粒子。不过……"老匠人又顿了顿，努力掩饰着他的沮丧，"不过我这经济实惠的木雕制品比那贵重的象牙制品可不遑多让，我给你看看它们是怎样干净利落地穿越各种堡垒的。"

他站上长椅，从最上面的架子里拿出一个造型有点像火山口的木雕。他轻轻地拭去灰尘，继续说道：

"现在我们看到的是斥力势垒的示意模型，每个原子核周围都有这样一个势垒，外面的斜坡相当于电荷之间的静电斥力，里面那个洞相当于把粒子粘在一起的强相互作用力。现在把一个球向斜坡上扔去，但是这个力量不能使它越过坡顶，我们肯定自然而然地觉得它会滚回来，对吧？但实际上……"

说着，他把那个球轻轻一弹，它爬了一半，又重新滚回台子上。

"然后呢？"汤普金斯先生不以为然。

"等等，哪能一次就成功的？"

第二次，又失败了！第三次，球大约刚刚爬上斜坡的一半，突然一下子消失不见了。

"啊哈！"老木雕匠得意扬扬地说道，"阿布拉卡达布拉①！遁！怎么样？球呢？"

"洞里？"汤普金斯先生很不肯定地答道。

"我也是这么想的，瞧瞧看？"老木雕匠一边说一边朝火山口里看去，"嗯，就在这里！"说着他又用指头把那个球夹出来。

"现在我们反过来试试。看看球不爬上峰顶，能不能从洞里跑出来。"

他小心翼翼地把球放回洞里，静静地等待着，很长一段时间内什么都没有发生，只有动力小球滚来滚去的细微声响。突然间就又到了见证奇迹的时刻，那个球瞬移一样出现在斜坡中间，然后缓缓地滚回台子上。

---

① 通常在咒语的结尾，表示咒语要发生功效了的意思，最初起源于一个护身符，字母可被排成倒金字塔形，当作护身符戴在脖子上可保护佩戴者免除疾病和灾难。金字塔型的每一行减少一个字母，直到三角形顶端只剩下字母 a。传说，当字母消失时，疾病和灾难也被认为是消失了。　　　——译者注

老木雕匠轻轻地把模型放回原处，"这就是 α 衰变，不同元素的静电斥力势垒大相径庭，有的跟透明的一样形同虚设，粒子不到一秒就能逃逸，有的则是近乎完全不透明的铜墙铁壁，以至这种逃逸可能几十亿年才会发生，比如铀原子核就是这种情况。"

"但是，为什么不是所有原子核都有放射性呢？"

"因为大多数原子核那个洞穴的底部比外面（比如平台）的水平面还低，只有对那些非常重的原子核来说，洞穴的底部高于外面的水平面，这种放射性逃逸才会发生。"

老木雕匠抬头看看墙上的挂钟，说道，"不好意思，到时间了，该关门了。"

"不，不，是我很抱歉，浪费了您这么多时间。不过真的很有意思，我还有最后一个问题，您看可以吗？"

"可以，你说！"

"刚才好像说过，把不值钱的元素变成更值钱的元素时，轰击原子核的方法其实是一种非常低效的方法……"

"还在希望靠核物理发财？"

"但是，对你来说，好像很简单的样子，用那个巧妙的圆筒和活塞就可以，所以我有点震惊到了。"

"是很巧妙，但只是示意，并不是真的。从商业角度看，点石成金纯属空想，醒醒吧！"

"可惜！"

"我说，该醒醒啦。"不过，这一次说话的不是老木雕匠，而是莫德。

# 14
# 真空之穴

女士们，先生们：

今晚我们讨论一个特别引人入胜的话题——反物质。

大家其实并不陌生，第一个例子就是我之前提到过的正电子。有意思的是，人们其实并不是先发现了它，而是早在实际探测到它之前的好几年前就预言了它的存在，而且科学家们还准确预见了它的一些主要性质，这些性质又对实验证明它的存在大有裨益。

这一伟大的成就要归功于英国物理学家狄拉克。基于爱因斯坦的相对论和量子理论[1]，狄拉克当时想推导电子的能量公式 $E$，最终他首先得到了 $E^2$ 的表达式。我们知道，接下来 $E$ 也就是 $E^2$ 存在两个解，一个是正的，另一个是负的（例如，4 的平方根是 2 或者 -2）。在经典物理中，人们习惯性地认为负值"没有物理意义"，而是把它仅仅看作是一种数学怪物。但是在这个特殊的例子中，负解意味着可能存在"负能态"的电子，而根据相对

---

[1]  1928 年，狄拉克基于相对论和量子力学，首先提出相对论波动方程。

——译者注

论，物质本身只是能量的一种形态，也就是说"负能态"的电子具有负质量，太不可思议了！因为这意味着一种与常识完全相反的粒子，拉它它离你而去，推它它飞奔而来——与我们"可以感知的"粒子完全相反。当然，你也可以觉得负解是"没有物理意义的"，并对之置之不理。

好在聪明的狄拉克没有这样，他觉得，电子不仅可以有无穷多个不同的正能量态，也存在无穷多的负能量态，那么问题来了：电子一旦处于负能态，就必定会呈现负质量特性，但是这样的事物从来没有观察到过的，这种古怪的负质量电子究竟在何方？

如果试图回避这个问题，你当然可以说电子恰好避开了那些负能态，反正不管是什么原因，这些量子态就是永远空着的。但我们自己都知道这不过是掩耳盗铃的把戏，虽然电子能态很多，但它们天生更喜欢跃迁到低能态并把多余的能量辐射出去，除非在低能态中已经被别的电子占有，它们才会不得不遵守泡利不相容原理而作罢。那既然如此，所有的电子不应该随时准备从较高的正能态跳到较低的负能态吗？为什么事实并非如此呢？

狄拉克另辟蹊径，他断言，电子之所以没有跳入负能态，是因为所有的负能态全都已经被占满了——有无穷多个负质量的电子把无穷多个负能态占得满满当当。那么果真如此的话为啥看不见呢？最可能的解释就是它们的数量如此之多，最终形成了一个完美的连续体，在一个"真空"中完全规则且均匀地分布着。

一个完整的连续体当然是测不到的，我们没有办法说它在这里或在那里，因为它无所不在。而均匀分布则决定了它不存在哪里多一点的情况，真空的意思是行进其间不会像汽车通过空气行驶、鱼儿通过海水运动一样，在前方不会形成局部的高密度区，在后方也不会形成低密度区，换言之，它对运动不会产生任何阻力……

听到这里，汤普金斯先生又懵圈了。他仿佛感受到了无处不在的真空——完完全全的虚空——就像被什么东西完全占满了！

他又开始做起白日梦，梦见自己变成了一条鱼，一辈子都待在水里——海上吹来和煦的微风，自己沐浴在缓缓翻滚的蓝色海浪里，惬意如此，夫复何求！他加入了鱼群，不过让他奇怪的是，尽管自己游泳游得很好，却不由自主地往下游去。好在并没有窒息的感觉，反而刚好十分舒适。汤普金斯先生想，大约是什么隐性突变①的结果吧！古生物学家们说，生命源于海洋，第一个到达陆地的鱼类先驱与所谓的肺鱼相似，偶然的机会登上了海滩，然后用鳍走路，最终这些最早的"肺鱼"逐渐进化成陆生动物，比如猫和老鼠，也比如人类。也有一些，比如鲸和海豚，历经种种之后又回到了海洋。不过它们完美地保留了在陆地上时获得的技能，仍然进化成了高阶的哺乳动物——胎生而非卵生，且体内受精。

---

① 基因突变的一种，由显性基因突变成隐性基因叫隐性突变，由隐性基因突变成显性基因叫显性突变，这里其实是泛指基因突变使得自己适应了海洋的生活。
——译者注

正当他懒洋洋地游来游去、心里胡思乱想时，汤普金斯先生遇到了一对奇怪的夫妇，他们正在聚精会神地聊着什么，一个是一只海豚，另一个则出奇地像教授曾经展示过的保罗·狄拉克。当然，他记得海豚非常聪明，所以和海豚说话没啥奇怪的。

"看这儿，保罗！"是那条海豚在说话，"你老是说，我们不是处在真空中，而是周围处处充满负质量的粒子。但我感觉，水和空无一物的空间没有任何差别，水也是处处均匀的，可以穿过它朝各个方向自由地运动。我的先祖曾经听过一个传说，说是在陆地上就完全不同了，那里有许多高山和峡谷，得费九牛二虎之力才能穿山过谷，但是在水中，随便哪个方向我都可以去。"

"就海水而言，的确如此。海水在你的身体表面产生摩擦，帮你'抓住'水，而鱼鳍和尾巴的摆动又进一步在水中形成压力差，所以我们才能够游动，但如果水真的处处均匀，没有摩擦，没有压力梯度，你就会感觉自己像火箭燃料告罄的宇航员一样无助。"

狄拉克接着说，"而我的'水'——那种由负质量的电子所形成的海洋——是完全没有摩擦力的，所以我们没有办法直接观察到。此外，根据泡利不相容原理，我们也不可能在其中添加电子，因为'水'中所有能态都已经被填满，任何额外的电子都必须待在'水'面以上，而这也意味着它有我们通常所说的正能态，表现得像一个正常的电子。"

"但是这种海洋有什么意义呢？完全连续、没有摩擦、见无可见！说了不等于白说吗？"

"好吧，也不完全如此，假设有某种外力迫使一个负质量的电子从海洋深处上升到海面以上，科学家们就会观察到电子多了一个，而我们知道这种转移是不能违背电荷守恒定律的，也就是说，随着这个电子的离开，海洋中就形成了一个'可见'的空穴。"

"就像海水中的气泡那样？比如那儿？"海豚一边回应，一边指向从深海慢悠悠地漂向海面的一个气泡。

"正是，在我的'水'里，不仅可以看到海洋中被敲击出来拥有正能态的电子，同样可以看见留在真空中的空穴，两者一一对应。举个例子，原来那个电子带有一个负电荷，但现在均匀分布的连续系统中少了个负电荷，就等同于在那里有着等量的正电荷；同理，一个负质量的电子就等同于在那里有着一个个正质量的电子。换句话说，这个空穴的表现与一个我们正常'可见'的电子几乎别无二致，只不过所带电荷是正电荷，正是因此才被叫做正电子。而这就是我们要关注的东西——电子对生成[①]（见图13），一个电子和一个正电子在空间的同一点同时产生。"

"听起来真是个完美的理论，不过，真的如此吗？"

"下一页，"一个熟悉的声音打断了汤普金斯先生的美梦，是教授那命令式的口吻：

刚才我说过，唯一能够探测到那种连续系统的办法，就是打草惊蛇。如果我们可以击出一个空穴，我们就可以说"连续系统

---

[①] 当光子能量大于1022keV时（1022keV相当于两个电子的静质量），其中1022keV的能量在物质原子核电场作用下转化为一个正电子和一个负电子，称为电子对生成（electron pair production）。　　　　　　　　——译者注

图 13　电子对生成

无处不在，除了这里之外"。狄拉克就是这么干的，他提议在真空里打个洞，而这张图就是这个梦想的实现。

图 13 这是一张气泡室的照片。气泡室是一种粒子探测器，由美国物理学家唐纳德·格拉泽（Donald Glaser）发明，他也因此荣获 1960 年的诺贝尔物理学奖，气泡室有点像威尔逊云室，不同的只是由内而外。格拉泽说他的灵感来自一次酒吧的经历，那时他正盯着面前啤酒瓶里的气泡发呆，突然间灵光一闪，既然威尔逊可以通过气体中的液滴去研究粒子，自己为什么不能通过液体中的气泡研究粒子呢？威尔逊的做法是使气体膨胀从而借助过饱和的水蒸气冷却凝成小水滴，那反过来应该也行，可否降低液体的压力，让它变得过热而沸腾呢？气泡室正是如此，在气泡室中带电亚原子粒子的轨迹正是用液体中的一串串气泡来标志的。

这一张图 13 则显示了电子对生成的情况——也就是电子和正电子的诞生。首先，一个带电粒子进入了这张图的底部，然后在那个拐弯的地方发生了一次相互作用，作用之后原先的带电粒子向右拐弯，同时产生了一个中性粒子，而后者随即变成两束高能伽马射线。不过我们看不到那个中性粒子，也看不到它产生的伽马射线，因为它们都是电中性的，不会留下气泡的痕迹。不过每个伽马射线都会产生一个电子对，也就是图上那个"V"的轨迹，大家可以仔细看看两个"V"的下端延长线都会指向原先发生相互作用的地方。

所有轨迹都会有规则地朝着一侧弯曲，这是因为当时整个气泡室周围存在沿着我们视线方向的强磁场，磁场使带负电的运动粒子顺时针方向偏转，使带正电的运动粒子逆时针方向偏转，依此可以辨认出每一个电子对中的电子和正电子。同时，大家也能看到有些轨迹弯曲得更厉害，这是因为弯曲的程度取决于粒子的动量——动量越小，曲率越大。气泡室照片里有意思的还有很多，这些线索就是我们不断探索的指路明灯。

如今我们已经知道如何在真空中打洞了，那接下来会怎样呢?

听到这里，汤普金斯先生又觉得有点无聊了，他的思绪回到了自己是一个电子的时候，而且很快就打了一个激灵，因为想着想着就想到了好战的正电子。回过神来，教授还在继续往下讲:

……正电子和正常粒子没什么两样，直到有一天正好又来个个普通的带负电的电子，这个电子会马上把这个空穴填满，连续系统又恢复了原状，而电子和正电子则会双双湮灭，结合时释放出的能量则以光子的形态发射出去。

刚才我们一直把电子说成从狄拉克海洋里溢出的东西，而把正电子当作空穴。其实反过来看也没毛病，把普通电子看作空穴，那么正电子就是从普通电子的海洋中溢出去的，这就是物理学或者数学上的等效性。

事实上，并不是说只有电子才有对应的反粒子，与质子相对也有反质子，质量正好与质子相同，但是带一个负电荷。反质子也可以看作另外一种连续系统中的空穴，这种连续系统由无穷多个负质量的质子组成。更进一步说，所有粒子都有对应的反粒子，我们把后者统称为反物质。

可能你会问，那么为什么我们所知道的世界有如此多的物质，却对反物质知之甚少？我只能说，这是个好问题，不过我很难回答。事实上，围绕着负核的正电子所构成的原子与普通原子具有完全相同的光学性质，也就意味着我们无法通过常用的光谱学的方法来确定那些遥远的星云到底是由物质还是反物质构成的。就我们所知，大仙女座星云很可能就是由反物质构成的。唯一能证明这一点的方法就是弄到一块这种物质，看看是否会和我们正常物质彼此湮灭（当然，得小心点儿，那会发生可怕的爆炸！）

好在事实上我们不必承担如此危险的任务，相反我们只需要对相互碰撞的星系进行观察。如果有一个星系是由物质构成的，而另一个星系由反物质组成，那么当一个星系的电子与另一个星系的正电子相遇时，湮灭释放出的能量将是无比惊人的——但是观察结果显示，至少截至目前这种事情并未发生过。因此，相对保险的假设是宇宙的所有物质几乎都只属于一种类型，而不是一半物质、一半反物质。

最近也有人提出，最初宇宙中的物质和反物质是相等的。但是，后来在大爆炸的过程中，各种相互作用有利于物质的存在，而不利于反物质。这一系列作用的结果，使得今天的宇宙出现不平衡的状况。不过，这种看法目前也只不过是一种假设性的猜测而已。

# 15
# "原子粉碎机"

汤普金斯先生有点兴奋难耐，教授已经安排好包括自己在内的一部分学生去参观世界一流的高能物理实验室，据说在那里可以看到原子粉碎机！

几星期前，实验室给他们每人发了一本小册子。不过，尽管汤普金斯先生一丝不苟从头读到尾，但他却越发糊涂了，夸克、胶子、奇异性、质能转换……还有传说可以解释一切的大统一理论，不过很显然他觉得不是给他解释的。

到达参观中心后，他们首先被带到了等候室，不过没待多久导游就匆匆赶来了——一位眼睛明亮、热情好客、二十五六岁的女子迎接他们，她自称汉森博士，是该实验室一个研究小组的成员。

她很有经验地讲道："去看加速器之前，请允许我先介绍下我们的日常工作。"

不过她很快被打断了，一个同学犹豫地举起一只手。

汉森博士问他："怎么啦？您想问什么？"

"你刚才说'加速器',那么我们什么时候才能去看原子粉碎机呢?"

导游狡黠地笑道:"你们被标题党骗了,报纸上说的'原子粉碎机'就是加速器。你想,要粉碎一个原子,就得敲打一些电子出来,粉碎原子核也是类似的,而让这些粒子出来一般就意味着更大的能量,所以更准确地应该叫这种机器为'粒子加速器'。"

"还有什么问题吗?随便问……"她环顾听众,看到无人应答就继续说下去。

"我们继续,咱们的目标是找到组成物质的最小单元,并了解与之相关的各种作用。大家都知道物质是由分子组成的,分子由原子组成,而原子又由原子核和电子组成。至少目前的认知中,电子是基本粒子也就是所谓最基本的单元之一。原子核则不同,它可以进一步分解为质子和中子。这些大家再熟悉不过了,对吧?"

听众们点点头。

"那么,接下来我们应该问什么……"

"质子和中子是由什么组成的?"有位女士回答道。

"对极了。那么怎么找出答案呢?"

"把它们粉碎掉吗?"

"确实是这样,听起来毫无疑问。我们正是靠各种各样的'子弹'打碎一个又一个曾经以为的基本单元发现了分子、原子和原子核。事实上,一开始我们的确尝试过这种轻车熟路的办法——把质子或电子加速到很高的能量,然后用它们去轰击质子，期待这种办法能把质子撞碎从而得到它的组分。

"那么，事情真的会如我们所愿吗？质子是否真的会被撞碎了？答案是没有！不管子弹的能量有多大，质子都没有被击碎。不过倒是一些新的粒子——开始时并不存在的粒子——诞生了。

"举个例子说吧！当两个质子碰撞时，最后得到的可能是两个质子和另外一个粒子，也就是所谓的 π 介子，它的质量是电子的 273.3 倍，记作 $273.3m_e$，科学家们一般用下面的式子表述这一过程……"说着，汉森博士在一个翻转白板上写下：

$$p + p \rightarrow p + p + \pi$$

一位年纪较大的人立即举手皱眉质疑："但这理论上绝无可能啊？中学物理就说过，物质是既不能产生，也不能消灭的。"

"我想我得对你说，你中学里学到的东西是错误的。"汉森博士的话引得哄堂大笑。

"当然，也不完全错。我们当然不能无中生有，但能量可以转换成物质。我们都知道著名的质能方程 $E = mc^2$，这就是我们用能量转换物质的理论基础。"

学生们你看看我、我看看你，汤普金斯先生主动回答道："大家都听说过，不过好像没有在这个系列的演讲中专门提过。"

"好吧！质能方程其实就是爱因斯坦狭义相对论的一个结论，照爱因斯坦所说，我们不可能把粒子加速到比光速还要快，因为随着粒子速度的增大，质量也在不断变大，加速会越来越难。"

"这个我们知道。"

"好极了，那你们一定知道，被加速的粒子不但质量越来越大，能量也会变得越来越大。事实上，质能方程意味着质量 $m$ 同能量 $E$ 成正比，而 c 是光速，$c^2$ 可以确保方程左右两边量纲一致。因此，当粒子加速获得更多的能量时，质量也一定会随着能量而增大，这就是粒子质量变大的根源。"

"还是有点不对！"那个年纪较大的坚持道，"你说多出来的质量来自多出来的能量，但是粒子静止不动时也有质量，但那时它可没有什么能量。"

"好问题。能量有多种形式，有热能、有动能、有电磁能、有万有引力势能……而静止粒子具有质量这个事实则表明，物质本身也是一种能量形式，是一种'被束缚的能量'，质量是被封闭的能量关于其空间效应的度量。

"所以说，上述碰撞其实就是轰击粒子原先的动能转化成了被束缚的能量——那个新出现的 π 介子中被束缚的能量。碰撞前后质量、能量都是守恒的，只不过有一部分能量以另一种形式出现。明白了吧？"

这次每个人都信服地点头同意。

"现在，我们创造了一个 π 介子，重复这个实验进行很多次碰撞，我们会发现什么呢？答案是我们并不能随心所欲地创造任何质量的新粒子，$273.3m_e$ 可以，但是 $274m_e$、$275m_e$ 就不行，当然也可以创造一些更重的粒子，不过也只是特定的离散的容许质量。例如，科学家们曾经创造过一种 K 介子，质量为 $966m_e$，也就是大约质子质量的一半；甚至还创造过比质子更重的粒子，比如质量为 $2183m_e$ 的 $\Lambda$ 粒子。目前已知的粒子已经超过 200 种，部分还发现了反粒子。人们估计，粒子的种类应该是无限多的，而实验所能决定的是碰撞的能量，能量越大，产生的粒子就越重。

"再接下来，有了新粒子我们感兴趣的就是看看它们的性质。当然这并不是对质子等粒子的构成不感兴趣，而是要想了解质子的结构，就必须研究清楚这些新的粒子，而不是仅仅努力把它打得更碎。因为，我们可以把这些粒子都看作是质子的兄弟，大家知道有时研究一个人的家庭背景对了解本人是非常重要的，这一原理对于质子、中子等的研究同样适用。

"那么，有没有什么新的发现呢？当然有，如大家所料，新粒子也会有一些耳熟能详的性质，比如质量、动量、能量、自旋角动量和电荷。不过也有一些不一样的，一些质子和中子所不具有的性质，比如'奇异数'和'粲数'等等，这可不是什么玄学，每一种性质都有严格的科学定义。"

听众中有人举手发问了，"'新的性质'是什么意思？我们说的性质到底是什么？怎么分辨不同的性质呢？"

"问得好。我试试回答下，先从大家熟悉的性质说起，比如下面这个不带电 $\pi$ 介子也就是 $\pi^0$：

$$p^+ + p^+ \quad p^+ + p^+ + \pi^0 \qquad\qquad (\text{i})$$

（i）式中右上角的符号表示粒子所带的电荷，当然通常我们不会在 p 的右上角写 + 号，因为大家都知道质子带一个单位的正电荷，但是这里我还是保留了，具体原因大家后面会看到。其实这里还有两个反应：

$$p^+ + n^0 \quad p^+ + p^+ + \pi^- \qquad (\text{ii})$$

$$\pi^- + p^+ \quad n^0 + \pi^0 \qquad (\text{iii})$$

式（ii）和（iii）中 $n^0$ 表示中子，上面的三种反应都是真实会发生的，下面的则不然：

$$p^+ + p^+ / p^+ + p^+ + \pi^- \qquad (\text{iv})$$

那么你们觉得，为什么前三者可以发生，而第四种反应却不存在呢？"

"是不是因为没有遵守电荷守恒定律？在第四个反应式中，左边有两个正电荷，而右边却有两个正电荷和一个负电荷，左右不平衡。"

"正是如此，电荷就是物质的一种性质，它应该是守恒的，反应前的净电荷必须等于反应后的净电荷。第四种反应之所以不存在正是因为没有遵守电荷守恒定律。那么，我们现在再来看看下面这个反应，大家可以看到反应涉及两种新的粒子——不带电的 Λ 粒子和带正电的 K 介子：

$$\pi^+ + n^0 \quad \Lambda^0 + K^+ \qquad (\text{v})$$

这是科学家们已经观察到的真实存在的反应，与之相反，下面的反应却永远不会发生：

$$\pi^+ + n^0 / \Lambda^0 + K^+ + n^0 \qquad (\text{vi})$$

如果确乎想得到右边的粒子组合，左边必须有所不同：

$$p^+ + n^0 \quad \Lambda^0 + K^+ + n^0 \qquad\qquad (vii)$$

如果使用（vii）中的组合作为开始，你又会发现下面的反应永远不会发生：

$$p^+ + n^0 / \Lambda^0 + K^+ \qquad\qquad (viii)$$

但是，从能量的角度看，产生 $\Lambda^0 + K^+$ 明显要比产生 $\Lambda^0 + K^+ + n^0$ 容易一些，那又是什么使得（vi）和（viii）反应无法进行呢？还是电荷守恒定律吗？"

所有人都摇摇头。

"对，当然不是，两边的电荷是平衡的，那大家觉得是为什么呢？"

大家一脸茫然。

"所以说它们有一些我们常识中没有的性质。比如这里我们就引入了一种新的性质，称之为重子数，这个名称源自希腊语的'重'，科学家们把重子数记作 $B$，同时记下各个粒子的 $B$ 值：$n^0$、$p^+$、$\Lambda^0$ 的 $B$ 等于 +1，而 $\pi^0$、$\pi^+$、$\pi^-$、$K^+$ 的 $B$ 等于 0。相应的把前一组粒子称为'重子'，把后一组粒子称为'介子'，'介子'这一名称也是源自希腊语的'中介'一词，如你所想，还有一种粒子被称为'轻子'，就比如我们的电子。

"那么好，既然规定了各个粒子的 $B$ 值，我们就还要假设 $B$ 也是守恒的，也就是说碰撞前后重子数的总值必须相等。那么大家再看看前面提到的那些反应，你会发现上面发生过的反应都是 $B$ 守恒的，而不能发生的反应都是 $B$ 不守恒的。"

经过一两分钟聚精会神的加减，学生们纷纷点头表示同意。

"正是由于 $B$ 不守恒，那些反应才不能发生。反过来，那些反应不能发生才让我们发现新的性质 $B$ 的存在，同时我们还发现碰撞中必须遵守这一新性质的守恒，就像电荷守恒、能量守恒、动量守恒一样。"

很显然，大家对这个解释颇为满意，不过汤普金斯先生却有点不以为然，他叉着胳膊坐在哪里，脸上写满怀疑的神色，这也成功引起了汉森博士的注意。她问汤普金斯先生：

"觉得有什么不对头？有什么疑问吗？"

"不是疑问，而是评论。坦白说，我觉得这套理论无法服人，甚至有点儿像数字游戏。"

"数字游戏，我不能……不好意思，你说什么？"汉森博士有点儿语无伦次。

"那些粒子的重子数值，毫无来源根据。我甚至可以认为是人为地选定了那些值，最终只不过是想得到希望得到的结果而已。给各种粒子安排特定的 $B$ 值，附一个守恒定律，当然就是能发生的发生，不能发生的不能发生……"

汤普金斯先生的学生朋友们惊讶地盯着他，纷纷窃窃私语他怎么敢这样说？不过好在这种紧张而尴尬的氛围很快被汉森博士的笑声打破了。

"漂亮，你说的一点儿没错。我们就是这样定义重子数的——先仔细观察哪些反应会发生、哪些不会发生，然后匹配了这一性质！

"不过，比规定重子数更重要的是，我们基于较少的反应确定了重子数的存在及其规律，之后就可以进一步判断其他反应是否可能发生。"

汤普金斯先生看起来仍然将信将疑。

"还是举个例子吧！一天，一个研究小组宣布有个重大发现——发现了一种带负电的新粒子，并将其命名为 $X^-$ 粒子，且声称这种粒子是在如下反应中发现的：

$$p^+ + n^0 \quad p^+ + p^! + n^0 + X^- \qquad (\text{ix})$$

接着上面的，大家觉得它的 $B$ 值是多少呢？"

一番快速的数学运算后，学生们小声地回答道："-1"

"没错，左边 $B$ 值是 +2，右边有两个质子和一个中子，$B$ 值为 +3，也就是说为了使反应前后 $B$ 值守恒，$X^-$ 粒子的 $B$ 值必须为 -1，诺？这就是'数字游戏'的贡献。"她边说边颇有意味地看了一眼汤普金斯先生，"然后那些研究者又进一步宣称，$X^-$ 粒子还会进行如下反应：

$$X^- + p^+ \quad p^+ + p^+ + \pi^- + \pi^- \qquad (\text{x})$$

又是新发现，对吧？开心吗？"

学生们下意识地点点头，不过紧接着一阵窃窃私语后，几个学生摇头了。

汉森博士问他们，"怎么了？觉得他们有什么问题吗？"

一阵简短的讨论之后，一个学生代表解释，如果 $X^-$ 粒子的 $B$ 值为 -1，那么新反应中 $B$ 就是不守恒的，也就是说，这个反应根本不可能实现。

"说得好！完全正确。他们的确是学术诈骗，实际上，$X^-$ 粒子参加的反应如下：

$$X^- + p^+ \quad \pi^+ + \pi^+ + \pi^- + \pi^- + \pi^0 \qquad (\text{xi})$$

稍微验算一下就可以看出 $B$ 就守恒了。也就是说，你们已经利用重子数这个性质做出了反应（x）无法发生的预测，这就是重子数的威力。"她转向汤普金斯先生，"这位同学，现在满意了吗？"

汤普金斯先生露齿而笑，点头赞许。

汉森博士继续说下去，"其实 $X^-$ 粒子就是反质子，一般我们记作 $p^-$，反质子质量与质子相同，但电荷和 $B$ 值与质子正好相反。反应（xi）其实就是质子和反质子彼此湮没的一种典型方式。

"接下来再引入另外一个性质，看看下面的反应，也是一个永远不会发生的反应：

$$K^+ + n^0 / \pi^+ + \Lambda^0 \qquad (\text{xii})$$

但是检查发现电荷也守恒、重子数也守恒，为什么这个反应永远不会发生呢？"

"是涉及另外一种性质吗？"是莫德，她率先答道。

"是的，说对了。我们把这种性质叫作奇异数，用字母 $S$ 来表示它。$K^+$ 的 $S$ 等于 +1，$p^+$、$n^0$、$\pi^-$、$\pi^0$、$\pi^+$ 的 $S$ 等于 0，$\Lambda^0$、$K^-$ 的 $S$ 等于 –1

"大家注意到了吧？普通的物质，比如质子和中子都没有奇异数。因此，要想产生带有奇异数的粒子，就必须一下子同时产生两个（或更多个）粒子，如果其中一个 $S = +1$，就必然存在另外一个 $S = -1$，就像反应（v）和（vii）那样，这样反应后的 $S$ 和才能正好等于 0。事实上，当人们第一次发现这种新粒子的时候，并不知道 $S$ 的存在，也不知道 $S$ 必须守恒，不过人们知道的是这种粒子总是彼此相伴相生，因为感觉很奇怪，所以就称这种性质为‘奇异数’。如果我没有记错的话，你们的小册子里就有一张粒子成对生成的照片。总之，这些性质就是这么被发现的，奇异数之后，人们又陆续发现了粲数、顶数和底数等。

"这也就意味着，在这些碰撞中出现的每种粒子都带有特定的一组标签，比如对于质子有，$Q$ 为 + 1，$B$ 为 + 1，$S$ 为 0，而粲数、顶数和底数也都等于零。

"你们肯定会问，听起来是不错，不过这和研究质子和中子的结构又有什么关系呢？当然有，我之前已经说过，可以通过观察质子的近亲也就是这些新的粒子研究质子的构成。也正是在这个过程中，我们需要一些深入的思考和推断。基本思路是：要把具有某些共同性质的粒子放在一起，比如 $B$ 相同的、自旋相同的等等，然后根据其他性质进行排列，比如刚刚提到过的‘奇异数’$S$ 和‘同位旋’$I_z$，后者源自‘同等地位’一词，表示某些粒子彼此极其相似，也就是说有相同的强相互作用和几乎完全相同的质量，有点类似于同位素①，人们认为它们是同一种粒子的不同表现形式。比如质子和中子就被看成核子的两种形式，一种形式电荷 $Q$ 为

---

① 具有相同质子数、不同中子数的同一元素的不同核素互为同位素。例如，氢有三种同位素，氕、氘、氚；碳也有多种同位素，例如碳–12、碳–14 等。 ——译者注

+1，另一种形式 $Q$ 为 0。至于'同位旋'则顾名思义，'旋'是因为在数学上的表现同普通的旋转非常相似，$I_z$ 可以取 ±1/2。

"还有一种定义同位旋的方法是靠关系式 $I_z = Q - \bar{Q}$，其中 $Q$ 代表粒子的电荷，$\bar{Q}$ 是该粒子所归属的多重态的平均电荷。举个例子，对于质子来说，质子的 $Q$ 为 +1，中子的 $Q$ 为 0，所以核子双重态的平均电荷 $\bar{Q} = (1+0)/2 = 1/2$。相应的，质子的 $I_z = 1-1/2 = +1/2$，而中子的 $I_z = 0-1/2 = -1/2$。

"那么现在，就像我刚才说的，我们把具有某些共同性质的粒子放在一起，再按照各自特有的'奇异数' $S$ 和'同位旋' $I_z$ 进行排列，就像这样……"

汉森博士边说边在画板上排出一系列粒子（见图 14）。

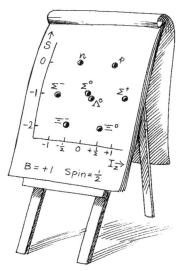

图 14　汉森博士的第一幅粒子阵列

"结果就像现在这样，我们总共有 8 个重子，重子数 *B* 都为 +1，自旋都为 1/2。结果是个六边形，当中有两个粒子，其中当然有两个是质子和中子，这样排列之后我们就知道，其实质子和中子只不过是这 8 个重子家族的普通成员。

"现在再看看这个……"

汉森博士边说边画了第二个图形（见图 15）。

"这是介子家族，重子数 *B* 都为 0，自旋都为 0，其中就有 π 介子。和前面一样，正好也是一个六边形，正好也是 8 个介子，只不过在中心有一个附加的单态粒子。

"那么，这个图形有什么意义呢？重复出现相同的图形仅仅是一种巧合吗？当然不是，对于数学家来说，这种图形有着特殊

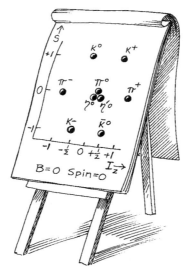

图 15　汉森博士的第二幅粒子阵列

的重要意义。在数学中，有一种叫作'群论'的分支学科，目前在物理学中应用的还比较少，主要是描述晶体的对称性。不过在这里也刚好适用，科学家们把这种图形称为'SU（3）表示[①]'。SU 是 Special Unitary 的缩写，表示特殊西群，用于表述对称性，3 表示三重对称性，大家应该可以看到，我们把它旋转 120°、240° 和 360° 后，得到的图形应该是相同的。

"除了这个六边形八重态外，SU（3）理论还支持其他具有三重对称性的图形，最简单的是单态。比如对于介子而言，就不仅有八重态，还有三角形十重态……"

正说着，一阵敲门声打断了汉森博士的话，她略带遗憾地说：

"得，车来了。就讲到这里吧，不过我相信，大家一定还会见到 SU（3）表示的。"

汽车行驶了很长时间才到，下车以后，映入眼帘的是一座外观非常简陋的建筑。

"加速器就在那里面？"汤普金斯先生明显有点儿失望地问导游。

---

[①] 群论中的李群的一种，U 表示西群，SU 表示特殊西群，每一个都有各种不可约表示，SU（N）的每种表示所对应的粒子的状态随着 SU（N）的作用发生相应的变换。最基础的表示类似于空间旋转群在坐标空间本身的表示，SU（N）的概念同样适用于规范场。任何在 SU（N）表示下进行变换的粒子都会和 SU（N）规范场发生相互作用，所以规范场所对应的粒子（规范玻色子）被称为传递相互作用的媒介：U（1）规范场对应光子，U（1）作用下进行变换的粒子有电子、渺子、τ子、夸克及其反粒子；SU（2）大致对应于弱相互作用，已知粒子都参与弱相互作用；SU（3）对应规范玻色子胶子，传递的相互作用称为强相互作用，比如夸克。

——译者注

"不是的，加速器在下面，"导游笑着，先摇摇头，又指了指地面，"在地下大约 100 米深的地方，这个建筑只是入口而已。"

走进建筑，上了电梯，一直下到底层，正好是加速器隧道的入口。

"进去之前，通常我要在这里做个小小的演示实验。估计大多数人都没在意，其实在每户人家家里都有粒子加速器，就和门口的那台监视器一样，在电视机的显像管里，电子从热的灯丝出来，然后在电场作用下加速，最终撞击到前面的屏幕上。电场电压一般会达到 2 万伏，也就是说被加速后的电子具有两万电子伏（eV）的能量。eV 是这类研究的基本能量单位，不过这个单位很小，所以很多时候我们也会用兆电子伏（$1MeV=10^6eV$）或吉电子伏（$1GeV=10^9eV$），这大概是什么概念呢？这么说吧！一个质子束缚的能量是 938MeV 也就是接近 1GeV。借此也说一下，在这个领域我们一般把粒子的质量表示成能量当量，比如质子的质量就等于 $938MeV/c^2$。

"我们马上要看到的粒子加速器也可以加速电子，不过能量要比这台监视器高得多，结果就是足以产生我们前面所讲的那些粒子。比如要想得到成百上千吉电子伏的能量，电压需要达到 $10^{11}$ 或 $10^{12}$ 伏特。不过因为绝缘等原因，我们无法产生和维持这样高的电压。那么过一会儿，我们就知道科学家们是如何解决这个问题的。现在先看看这个……"

她伸手从衣袋拿出一个东西，在监视器前面晃了晃，监视器的图像立刻就变得模糊不清了。

"这是块磁铁，可以用来使粒子束在磁场作用下发生偏转，大家马上就知道这个对我们而言有多重要了。重要的事情说三遍：不要用彩电做实验！不要用彩电做实验！不要用彩电做实验！如果这样做了你们会毁掉自己的彩电，当然好处是得到关于磁铁能对电子束产生什么作用的永久性纪念。只有像这台监视器一样的黑白电视机才相对安全，开个玩笑，我们进去吧！"

走过一条过道，就到了和地铁差不多大小的隧道入口，一根直径 10~20 厘米的金属管沿着隧道向前延伸，汉森博士走上前去解释说：

"这就是粒子通过的管道，粒子们要走很长的路，而且不能碰到任何物质，所以管道必须抽成真空——那种比外面很多真空还要真空的真空，而这个包着管道的盒子则是中空产生电场的铜质射频腔，粒子从旁边经过时会被电场加速，不过电压并不大，和监视器的差不多，那怎样才能得到我们需要的巨大能量呢？请大家沿着管道往前看，注意到管道形状有什么变化吗？"

所有人都顺着指引朝远方望去，一个年轻人先说话了，"管道变弯了，尽管只有一点点，不过肯定不是我们原先以为是直的。"

"说得对。这条隧道连同加速器的管道都是弯的，准确地说是个圆形，整个加速器就像个空心轮胎，周长达到了几十千米，我们看到的只是整个圆形的很小一段。粒子们沿着这个圆形的轨道持续转圈，每每经过一个射频加速腔就被加速一次，这样就不再需要极大的电压，而是反复循环地对粒子进行一系列脉冲式的加速，尽管很小，但这种做法很巧妙，不是吗？"

学生们纷纷低声赞许。

"不过还有一个问题，怎么样才能让粒子的轨道变成一个圆呢？"

"根据你刚才对监视器的做法，我猜必须用磁铁来这样做。"这次回答的是汤普金斯先生。

"完全正确，这个同样把管道包围起来的大铁块就是一块电磁铁，一个磁极在管道上面，另一个磁极在下面，从而产生一个竖直方向的磁场，粒子在这个磁场的作用下在水平面上发生偏转，大家可以在隧道中看到很多这样的磁铁，它们正好组成一个圆环，使粒子沿着我们期待的圆形轨道运动。

"下一个问题，磁场大小取决于粒子的动量，动量又等于质量与速度的乘积，但是粒子在不断加速，动量也就相应地不断增大。那么使之产生固定偏转的磁场也需要越来越大，也就是说，随着粒子动量的增大，电磁铁的电流要不断增大。那么怎么办呢？是否可能磁场的增大与粒子动量的增大正好同步，那么在整个加速期间，粒子就会精确地沿着相同的轨道运动。"

"啊哈！所以它叫作'同步回旋加速器'，是吧？我还一直纳闷为什么叫这个名字呢！"

"正是这样，就像是奥运会的链球比赛，运动员使链球一次又一次地绕着圆形转圈，而在链球的速度变得越来越大时，也把链条绷得越来越紧。"

"那么，粒子到了某个阶段会被放出去，对吗？放开让它们跑到某个地方去，对吗？"

"现在？并非如此！那是我们以前常用的办法，一旦粒子达到了最大的能量，我们就激活一块冲击磁铁或者创造一个电场，把粒子从加速器中发射出去。然后粒子轰击在铜靶或钨靶上产生新的粒子，再然后运用别的磁场和电场把粒子分类分开，引导到气泡室等探测器中。

"不过用固定靶有固定靶的不好，因为从能量角度看，效率的确不高。大家知道，在碰撞中，不但能量必须守恒，动量也必须守恒，而从加速器射出的粒子动量必定会传给碰撞后出现的粒子，反过来说如果最后的粒子没有动能，也就不会有动量，所以入射粒子一定需要被消耗一部分能量转化为新产生粒子的动能，从而使后者具备进一步运动的动量。

"而这台机器的好处就在于可以使两束运动方向不同的粒子发生碰撞，其中一束粒子的动量被另一束粒子的动量抵消掉一部分，这样两束粒子携带的能量就可以全部用于产生新的粒子。大家可以想象一下，这就好比两辆汽车对撞，肯定要比其中一辆汽车静止不动时的碰撞猛烈多了。

"也就是说这里有两台加速器，每台加速器中加速一个粒子束？"莫德问道。

"没必要，带正电的粒子和带负电的粒子在磁场中的偏转方向正好相反，所以我们可以很简单地用同一组偏转磁铁和加速腔使正负粒子完全沿着相反的方向运动。当然，为了精确地保持在相同的轨道上，它们必须始终具有相同的动量即相同的质量、相同的速度，这里是反向回旋的电子和正电子，还有一种组合是质子和反质子。

"就这样，两束粒子相向一圈又一圈地回旋加速，直到达到最大的能量。之后两束粒子会被导引到环上的某些安装好探测器的指定地点进行对撞实验。"

那个年纪较大的又问道，"那这么说来，对撞明显好很多，为什么当初还要考虑固定靶呢？"

"理想很美满，现实很骨感！对撞粒子束可不是想有就有的，比如能量足够大的质子束和反质子束就很难获得，获得之后我们还要想办法把它们弄得像铅笔那么细。而且即使这样，两束粒子对撞时，大多数粒子都很难碰到对面的任何一个粒子。我们必须采用极其精巧的技术把粒子高度集中起来，只有这样才能实现一定数量的碰撞。这一点一般依靠聚焦磁铁来完成，这个两对磁极的磁铁就是聚焦磁铁。"

"那么为什么这台机器要做得这么大呢？"

"因为磁铁能产生的最大磁场是有限的，随着粒子能量的增大，其偏转也愈发难以控制，所以为了使它们的轨道变成一个封闭的圆，就必须使用越来越多的这种磁铁。磁铁的物理尺寸就是我们的约束之一了，大约是 6 米。而这里有 4000 块左右这样的磁铁，更遑论聚焦磁铁和加速腔，加起来你想想这个圆得多大。事实上，我们期望粒子的最终能量越高，这个圆就必须越大。"

"现在回旋加速器里有粒子吗？"

"我的老天爷，当然没有啦！机器运转时任何人都不能进入隧道，因为那时的辐射强度非常大，现在呢正好是一个例行的定期关机维修时间，这也是参观定在今天的原因。"

说完这个汉森博士瞥了一眼手表，接着说："大家跟我接着走，我们去一个粒子束发生碰撞的地方，给大家看一些探测器。"

经过一大串数不清的磁铁，一行人终于到了一个巨大的地下洞穴，洞穴中央高高耸立一个两层楼高的东西。

汉森博士宣布，"这就是探测器，大家觉得怎么样？"

每个人都七嘴八舌地说了点什么。还有两个学生看得不过瘾，想爬上去看看，汉森博士赶紧叫住他们。

"别到处乱跑，可不能打扰物理学家和技师们，他们正在严格按计划工作，这短短的停机时间内要完成所有维修任务。"

叫住那两个学生后，汉森博士继续讲解探测器，她说探测器是围着粒子束交叉点建造的，"建在这里当然是为了方便探测碰撞后射出的粒子，事实上大家可以把这里叫作一个探测器群，有很多探测器，各有各的特点、各有各的任务。比如说这些透明的塑料在带电粒子穿过时会闪光，还有一些特制的材料在感受到比媒介光速更大的速度时会发出一种特殊的光，也就是传说中的契伦科夫辐射[1]。

"但是根据相对论，任何物体都不可能超过光速运动啊！光速是速度的极限！"有位女士打断了汉森博士。

"是的，的确如此，不过只有真空中的光速才配得上真正的

---

[1] 介质中运动的物体速度超过光在该介质中速度时发出的一种以短波长为主的电磁辐射，该辐射于 1934 年由苏联物理学家帕维尔·阿列克谢耶维奇·契伦科夫发现。　　　　　　　　　　　　　　　——译者注

光速，当光进入水、玻璃或塑料等介质时，速度就会变慢。大家
都见过折射，也就是光在介质中前进方向的偏转，这就是原因所
在，同样我们能够画出光谱线也是拜此所赐。所以说，相对论并
不妨碍粒子在穿过某种介质时比介质中的光速更快。而当这种情
况发生时，就会像超音速飞机的音爆一样，粒子也会形成一种电
磁激波。"

汉森博士说还有些探测器其实就是包含几千条通电细丝的充
气室，"当带电粒子穿过充气室时，会与气体中的原子发生碰撞，
有些可以撞击出一些电子使原子发生电离，撞击出来的电子会迁
移到细丝上被记录下来，这样我们就可以知道粒子运动的轨迹。
也可以再加上一个磁场，根据轨迹曲率测量出粒子的动量。

"这里还有量热计，这种探测器和中学自然热学实验所用的
量热计本质上没有区别，量热计可以测量出单个粒子的能量或者
相邻的几个粒子束的总能量。

"把粒子的能量和动量结合起来，就可以推导出粒子的质量。
最后，量热计的外面还有专门用于探测渺子的探测室，这种粒子
和电子一样，不受强相互作用力。但渺子和电子也有点不一样，
不会因电磁辐射轻易地失去能量，因为它可要比电子重 200 倍。
也正因此，渺子可以穿过大多数障碍物，而自身则几乎不发生什
么变化，这种性质也让科学家们很难探测到它。渺子探测器填满
了密度很大的物质，人们认为能够穿过这种物质的粒子必定是
渺子。

"所有这些各式各样的探测器像一层层洋葱瓣，在碰撞点周

围把加速器管道包裹起来。它们就像一个巨大的三维拼图，总重量超过 2000 吨，可得好好装起来。"

汤普金斯先生问道，"这些必须要等加速器启动时才会发生吧？"

"当然。"

"但是加速器启动时任何人都不能来，科学家们又怎么知道这里发生了什么呢？"

"好问题！看到那些纷繁交错的电缆了吗？"汤普金斯先生点点头，觉得就像被炸过的意大利面车间，"那些电缆从各个探测器提取信号，再把信号传输到计算机。计算机会综合各种信息进行数据处理，从而重新画出粒子的轨迹，然后把轨迹显示给控制室里的物理学家们以便他们研究。就像这个！"

汉森博士边说边指着一张贴在墙上的照片点头示意。

"你们过来仔细看看，然后我们去控制室。"

汤普金斯先生一边跟着往前走，一边不时回头看看探测器。一个没注意，他被维修技师卸下的一根电缆绊了个狗啃泥，脑袋重重地撞在地板上……

"老天爷啊，华生，别睡了。起来帮我一把。"

一个打扮很像夏洛克·福尔摩斯的人站在汤普金斯先生面前，汤普金斯先生刚想否认自己是华生，却不由自主地走神了，他的注意力完全被探测器吸引走了，探测器正四面八方地喷射着粒子，被喷出来的粒子已经滚落一地。

"快捡，能捡多少捡多少！"

汤普金斯先生环顾四周，却已然不见了汉森博士和团里一行的其他人。他估摸着他们一定是丢下自己去控制室了。怎么也不等等自己，不过估计过一阵子应该就会回来找他了，眼下还是配合下这个可笑的"福尔摩斯"吧！

他捡起一大把粒子交给福尔摩斯，后者正默默地俯视着地板上几个整齐的粒子阵列，汤普金斯先生认出那是熟悉的 SU（3）六边形。

"自旋 1/2 的已经够多了，该自旋等于 3/2、重子数等于 1 的粒子了。"福尔摩斯伸出一只手边数边说。

"不好意思，请您再说一遍……"

"我需要自旋等于 3/2、重子数等于 1 的粒子，赶紧跟着，我马上要做别的了！"

汤普金斯先生完全懵了，"我怎么知道要做什么……"

福尔摩斯有点不耐烦了，"看标签！"

这时汤普金斯先生才注意到每个粒子上都有一个小标签，标签上写着粒子的各种性质。他把自旋等于 3/2、重子数等于 1 的粒子交给福尔摩斯，福尔摩斯弯腰把它们摆在地上，调整好之后就拉过一把椅子开始仔细研究。

"好了，华生，你怎么看？"

"像个三角形。"

"哦？作为一个有自然科学头脑的人，未免有点不太严谨吧？你确定看全了？"

"底边少了一个顶点。"

"完全正确！这个三角形并不完整，少了一个粒子，帮我一下？"

福尔摩斯一边继续俯视着那个图形，一边伸手向汤普金斯先生要着什么。

汤普金斯先生在粒子当中翻来翻去，却还是没有找到（见图16）。

"对不起，先生！我好像没找到。"

"嗯！但这儿肯定有另一个粒子。你觉得它应该是什么样的呢？"

"自旋等于3/2、重子数等于1！"

"不错嘛！华生，你很有长进。它一定是这样的，不然就要被这个家族除名了，还有呢？我告诉过你方法的，你试试？"

汤普金斯先生不知道该怎么回答，过了一会窃语道，"不好意思先生，我实在没有什么头绪！"

"开玩笑吧？！你也是受过科学教育的人，这么简单都不会？它肯定带负电吧？肯定没有带正电或电中性的反粒子吧？奇异数应该等于 –3 吧？质量不是很明显大概为 $1680 MeV/c^2$ 吗？"

"天哪！福尔摩斯，你吓到我了。"他已经下意识地把自己当成华生了。

"它是这个图形的最后一块拼图，我应该叫它 $\Omega^-$ 粒子。"

"你怎么知道？"

"好吧！费点口舌让你长长见识，首先，图形中有多少个空隙？"

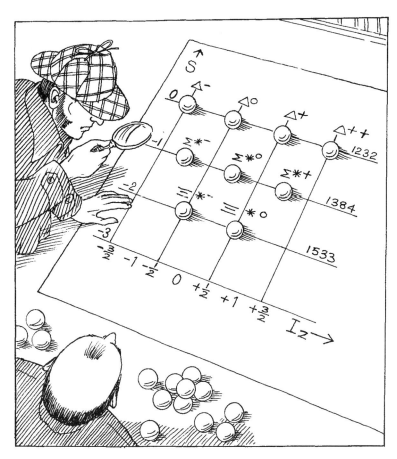

图 16　变身华生的汤普金斯先生和福尔摩斯在一起

"一个。"

"对！那么要处理的只有一个粒子。其次，奇异数为多少？"

"按图来说应该是 –3。"

"漂亮，电荷呢？"

"这……不知道。"

"仔细观察，注意到每一行最左边的粒子了吗？它们带什么电？"

"全都带负电。"

"这不就得了，Ω 粒子也是在所属行的最左边，所以必定同样带负电。"

"这……好像这一行只有它一个吧？为什么不说是在最右边呢？"

"那又如何？你可以看看最右边的，有什么发现？"

汤普金斯先生研究了片刻，"哦！我明白了，每往下一行，就少一个电荷，$Q$ 分别为 +2、+1、0，也就是说最后一行还是 –1，和前面我们说的一样，那么质量呢？"

"一样，先看看别的粒子的质量？"

"怎么看呢？"汤普金斯先生明显有点囧！

"心算啊！看看相邻两行之间粒子的质量差有多大？"

"呃！$\Delta$ 和 $\Sigma$ 之间质量差为 152 MeV/$c^2$，$\Sigma$ 和 $\Xi$ 之间质量差为 149 MeV/$c^2$，大约都是 150 吧！"

"对，所以 $\Xi$ 粒子和我们假定的 Ω 粒子之间质量差应该也差不多，水到渠成！先记着这些性质，然后按图索骥！"

说着，福尔摩斯往椅背上一靠，十指合拢，开始闭目养神。

尽管汤普金斯先生不喜欢福尔摩斯这种高高在上的傲慢，但也很想知道这些推论是不是真实可信，他强忍怒气顺着走出去，想把地上的粒子再翻一遍。

不过，没等他走到那里，就来了一群吵吵嚷嚷的电子，汤普
金斯先生先是被包围，很快就被卷到了一起。

"全体上车！"一声令下，所有电子全部朝加速器蜂拥而去，
汤普金斯先生也被裹挟其间，管道被塞得满满当当，比高峰时
间的火车还要糟糕，每个电子都推着别的电子，想要多占点儿
地方。

"不好意思，这是怎么回事儿？"汤普金斯先生问身旁的电子。

"什么事儿？你新来的吧？"

"呃……"

"哈哈，那就欢迎加入神风特攻队啦！"

"神风特攻队？这……我不……"

不过显然没有什么用，背后被猛地一推，汤普金斯先生和所
有电子都朝着管道前方奔去，汤普金斯先生害怕被弯曲的管壁挤
死，却感到好像有什么力马上就把自己掰离管壁了。

他琢磨一定是偏转磁铁的作用，然后又好像被猛地一推，估
计是又过了一个加速腔。

就这样在多次加速前进的过程中，汤普金斯先生注意到这群电
子试图彼此散开，他认为这是由于大家都带负电，彼此相互排斥。

不过忽而又被挤在一起，大概是正在经过聚焦磁铁。

突然，对面的幽暗处一大群粒子朝他们冲过来，好不容易躲
避才没撞上。

"救命啊！"汤普金斯先生大惊失色，转向同伴说，"你看见
了吗？这也太危险了，它们是谁？"

没想旁边的同伴嘲笑到，"新来的吧？对吗？当然是正电子啦！还能是谁？"

这样的事情一次又一次重复，没完没了的加速，然后隔一会儿被挤在一起一次，它们的能量越来越大，偏转磁场也越来越强，对面的正电子就像在巡回演出一样，定期从对面吓唬它们一次。

事实上可不仅仅是吓唬而已，情况变得越来越凶险，正电子们每次从旁边经过，都会喷着垃圾话，"等着吧！这就干掉你们！"

"哼！你有这个胆吗！就你一个人行吗？"汤普金斯先生这边的电子也不甘示弱，不管是电子还是正电子，好像都变得越来越暴躁。

不过汤普金斯先生已经无暇担心了，在加速器里一圈又一圈地打转，他觉得越来越头晕、恶心，突然，同伴用尽力气警告说，"嗨！打起精神，全力以赴，我们要上了！祝你好运！这的确需要一点儿运气。"

汤普金斯先生刚想问怎么回事儿，就已经看到了答案，正电子这次没有巡回演出，而是恶狠狠地撞了上来，四周都是电子和正电子噼噼啪啪的对撞，每次对撞都产生一些新粒子，这些新粒子又朝着四面八方飞散开来，有的粒子刚刚出现就分裂成了其他粒子，最后，所有碎片都穿过加速器的管壁消失不见。

只剩下一片寂静，完事儿了！正电子们已经走了，旁边剩下的都是电子，汤普金斯先生环顾四周，尽管刚才那激烈的场面让他仍然心有余悸，不过好在大多数电子都和自己一样，安然无恙。

"老天保佑，真是走运，终于结束了！"汤普金斯先生长吁了一口气。

但是同伴却充满鄙视地瞪了他一眼，"真丢人，看来你确实是什么都不懂！"

说着，正电子们又去而复返，可怕的场景反复出现：第二次、第三次、第四次……一段段平静时间等待的都是激烈的暴力，汤普金斯先生逐渐意识到，碰撞总是在特定的几个点上，他想这些应该就是安装探测器的地方。

两群粒子再一次相遇了，汤普金斯先生最害怕的事情发生了，一个正电子迎面撞来，他被撞飞了出去。穿过管壁，外面就像他想的那样，是探测器！他只能模糊地记着后来的事情：先一阵偏转，再一阵火花，再一阵闪光，好像还闯过很多金属板，一次又一次的撞击，最后在一块金属板里停了下来。他不记得是怎样离开那块金属板的，脑袋里一片茫然，好在终于还是出来了，他又一次来到实验大厅，混在一大堆同样从探测器里漏出的其他粒子中。

他无力地躺在那里，下意识地动动手脚，试图清醒过来，这时传来一个略显羞涩的声音，"你在找我吗？"

起初，他并没有在意，不过那个声音又一次想起，他意识到估计是在和自己说话，汤普金斯先生挣扎着坐了起来。

他瞧瞧四周，试着问道，"不好意思，您再说一遍？"

他发现有一个粒子，一个正朝自己说话的粒子，是一种相当特殊的、外观奇特的粒子。

"我应该没有找你！"

"你肯定？"

"十分肯定。"

谈话就这样尴尬地中断了。

"真是遗憾，你至少看看我的标签嘛？看我这样孤苦伶仃，就不能找个伴嘛？"它生气地打破了尴尬。

汤普金斯先生叹了口气，不过还是照它的话看了看标签，"自旋等于 3/2，重子数等于 1，负电荷，$S=-3$，质量 $1672\text{MeV}/c^2$……"

"怎么样？"那个粒子满怀期待地问。

"什么怎么样？"汤普金斯先生没有领会过来，不过他突然好像明白了，"啊哈！老天爷啊，你是……$\Omega^-$ 粒子，我就是来找你的，我竟然给忘了，我终于找到 $\Omega^-$ 粒子了！"

他兴奋地捧起它，急匆匆跑回福尔摩斯那里，让他看自己的战利品。

福尔摩斯大声喊道，"太棒了！同我猜的一模一样，让她回家吧！"

汤普金斯先生把它放在地板上，完成了三角形十重态的最后一块拼图，福尔摩斯则掏出他那有名的黑色陶制烟斗，心安理得地靠在椅背上吞云吐雾。

"亲爱的华生，基本操作！"

汤普金斯先生对着面前的图形沉思了良久，一个六边形八重态、一个三角形十重态，不过福尔摩斯烟斗里的烈性烟丝辣得呛人，他决定还是开溜为妙。

漫无目的地走了一会儿后，他决定绕着探测器逛一圈，就在走到尽头时，他看到一个熟悉的身影，那个身影正俯身在工作台上干活，是老木雕匠！

汤普金斯先生脱口而出地问道，"你在这里做什么？"

老匠人抬起头来，也认出了汤普金斯先生，脸上露出笑容，"居然是你！真是太好了！"

他们彼此握手致意。

"还在涂色？我看到了！"

"是的，不过搬到这里来了，不再给质子和中子上色，而是涂这些夸克。"

"夸克！？"

"对啊！它们是原子核最基本的组成部分，中子和质子里全是这些小东西。"

老匠人示意汤普金斯先生走近一点，"好像你刚才正和上面那个大喇叭讲话吧？'亲爱的华生，基本操作！'是这样吧？可别听他胡扯，他自己都不知道自己在说什么，他以为的那些根本不是什么基本粒子，你可以告诉他，夸克才是！"

"那么，你究竟在干什么呢？"

"在给夸克涂颜色啊，新粒子是从加速器跑出来的，所以我得给它们的夸克上色。"

木雕匠说着拿起一把精巧的尖头刷子，另一只手拿着一把镊子，继续说，"这是个细活，夸克实在是太小太小了。你看，这是个介子，里面有一个夸克、一个反夸克。我得这样……"他边说边把镊子伸进介子内部，把那个夸克夹住，"我们永远不能把夸克拉出来，它们彼此胶合在一起，粘得太牢了。不过没关系，待在里面也能涂色。我把夸克涂上红色，然后，再换一把刷子把反夸克涂成蓝绿色。"

"这还是过去给质子和电子的颜色嘛！"

"是的。上次你已经知道了，这两种颜色的组合可以使整个介子变成白色。还有其他补色组合也可以，比如蓝色和黄色，或者青色和品红色（或紫色）。"木雕匠边介绍边指了指工作台上其他一些颜料瓶。

"而重子——比如质子——则由三个夸克组成，所以我要用三种原色，一个红的、一个蓝的、一个绿的，它们三个也可以产生白色。"

汤普金斯先生有点儿走神了，他想起了泡利神父，神父应该能接受介子这种双方联姻，但三个相同粒子的组合……神父应该不大会同意吧[①]？

木雕匠没理他的走神，继续一本正经地说，"你要知道，这项工作很重要，宇宙构造就取决于我在这里所做的事，上色只是为了让粒子看起来漂亮些，这样大家看物理书的插图时能更好地区分他们。不过前面说的确实是非常重要的颜色理论，物理学家们也是这样叫它们的，这样就说明夸克为什么总是互相束缚在一起永不分离。一个粒子要想独立存在，就必须是白色的[②]，就像刚刚

---

①　此处是呼应前文《电子部落》中的"你知道的，三角家庭总会麻烦不断。"

——译者注

②　这里的"白色的"指的是色荷，而不是电荷，第16章中有详细说明。

——译者注

上好色的质子和中子那样——它们已经都被放在上面的匣子里准备运走了。不过单个的夸克却是有色的，所以必须与能够补色的其他夸克粘在一块。相信我已经说得很清楚了。"

汤普金斯先生突然想起那本小册子里的一些内容好像有着落了，不过他还是不明白为什么粒子必须是白色的才能独立存在。他走到放着中子的那个匣子旁边，掀开盖子，然后被核子耀眼的白色震惊了，准确地说是被白光弄得眼花缭乱，甚至不得不用手遮住眼睛……

"终于醒了！"是莫德的声音，"灯光，你要把他照瞎了。亲爱的！亲爱的！你还好吗？我们很担心，怎么撞成这样了？现在感觉怎么样？"

"是正电子，一个正电子撞我的！"汤普金斯先生喃喃地回复。

有个声音问道，"正电子？他是这么说的吧？"

"脑震荡，"另一个声音说，"肯定是脑震荡。得把他送去急诊室，先让他休息一会儿，把前额的伤口包扎一下吧！"

# 16
# 最后一讲

女士们，先生们：

1962 年，默里·盖尔曼（Murray Gell-Mann）和尤瓦尔·尼曼（Yuval Ne'eman）各自独立发现，可以根据特殊酉群 SU（3）把各种粒子归纳成一些特殊图形的家族。

而且他们同时也发现，有些家族好像并不完整，一些空隙虚位以待。这种情况与门捷列夫编制元素周期表时面临的局面非常相似。当时门捷列夫也发现元素的表现是周期循环的，门捷列夫给当时还没有发现的元素预留了一些位置，甚至预测了那些未知元素的存在与性质。现在，历史重演了：盖尔曼和尼曼也根据三角形十重态中的一个空位预测了 $\Omega^-$ 粒子的存在和 $\Omega^-$ 粒子的具体性质。1963 年，$\Omega^-$ 粒子被正式发现，科学界彻底相信了特殊酉群 SU（3）的魔力。

门捷列夫元素周期表通过揭露元素之间的关系，从某种程度上隐约预示了原子的内部结构，即应当把各种元素分类看待，这种看法在后来的原子结构理论得到了证实，根据这个理论，一切原子都是由一个原子核及其周围的电子组成的。

1964 年，盖尔曼和乔治·茨威格（George Zweig）指出，粒子表现出的相似性和家族图形同样是某种内部结构的反映。依据这一判断，盖尔曼和茨威格认为，当时被当作"基本粒子"的 200 多种粒子，其实很可能是由更为基本的组分组合而成的，这些组分被叫做夸克。截至目前，科学家们都相信夸克是真正的基本粒子，他们被认为是不再具有"亚夸克"组分内部结构的点状物。不过，谁知道呢？说不定有一天我们也可能又一次被证明是错的！

最初，人们根据当时已知的三种夸克提出了最早的命名方案：上夸克、下夸克和奇夸克。前两种是因为同位旋各自朝上和朝下，奇夸克的名字则源于特殊物理性质奇异性的发现。20 世纪 70 年代，人们又发现了粲性、底性等另外两种性质，90 年代，又进一步发现了顶性，于是后来就把所有新发现的夸克都包含进去了，也就形成表 1 所列的 6 种夸克，也称为六"味"。

表 1　夸克性质表 [1]

| 名称 | 符号 | $Q$ | $B$ | $S$ | $c$ | $b$ | $t$ | 反粒子 |
|------|------|------|------|------|------|------|------|--------|
| 下 | d | −1/3 | +1/3 | 0 | 0 | 0 | 0 | 反下 |
| 上 | u | +2/3 | +1/3 | 0 | 0 | 0 | 0 | 反上 |
| 奇 | s | −1/3 | +1/3 | −1 | 0 | 0 | 0 | 反奇 |

---

[1]　为方便读者理解，这里增加了中文名称及其对应的反夸克中文名称。原书表中粲夸克 C 值为 0，应为笔误，实际粲夸克 C 值为 1，这也是粲夸克名字的由来。

——译者注

续表

| 名称 | 符号 | $Q$ | $B$ | $S$ | $c$ | $b$ | $t$ | 反粒子 |
|---|---|---|---|---|---|---|---|---|
| 粲 | c | +2/3 | +1/3 | 0 | +1 | 0 | 0 | 反粲 |
| 底 | b | −1/3 | +1/3 | 0 | 0 | −1 | 0 | 反底 |
| 顶 | t | +2/3 | +1/3 | 0 | 0 | 0 | +1 | 反顶 |

除了这 6 种夸克，还有 6 种反夸克，6 种反夸克的量子数与表 1 所示正好相反，比如奇夸克 s 的反粒子反奇夸克 $\bar{s}$ 的 $Q=+1/3$，$B=-1/3$，$S=+1$。

表 1 中 $Q$ 是电荷数，$B$ 是重子数，$S$ 是奇异数，$c$ 是粲数，$b$ 是底数，$t$ 是顶数。竖行中的 $d$、$u$、$s$、$c$、$b$、$t$ 分别代表下、上、奇、粲、底、顶等 6 种夸克。

夸克和反夸克组成高能碰撞中产生的所有新粒子，其中重子由 3 个夸克组成，记作 $(q, q, q)$。比如，质子是 $(u, u, d)$ 组合，中子是 $(u, d, d)$ 组合，前面见到过的 $\Lambda^0$ 则是 $(u, d, s)$ 组合。大家可以按表 1 计算上述组合的各种性质，没错的话正好是相应粒子的性质，比如质子的 $B=+1$，$Q=+1$。

反重子由 3 个反夸克组成，记作 $(\bar{q}, \bar{q}, \bar{q})$，这样重子和反重子就会有截然相反的性质。

而像 π 介子这样的介子则由一个夸克和一个反夸克组成，记作 $(q, \bar{q})$。例如，$\pi^+$ 介子是 $(u, \bar{d})$ 组合，同上可知，这种组合正好印证了 $\pi^+$ 介子的性质，$B=0$，$Q=+1$。

不过，并不是所有粒子都由夸克构成，只有重子和介子才是，我们也把它们统称为强子。强子能感受强相互作用力的作用，而电子、渺子、中微子等则不同，我们也把它们统称为轻子。其实"重子"和"轻子"这两个名字可能并不太准确，最早这两个名字是根据粒子质量的轻重定下来的。不过后来人们已经知道，有一种叫 τ 粒子的轻子比质子还要重一倍，可一点儿都不"轻"！所以最好还是根据受到的力来判断，强子受强相互作用力影响，而轻子则不然。

截至目前，我们说的都是被束缚在强子里的夸克，那么自由夸克是什么样的呢？我们知道了它们的电荷，应该很容易找到它们吧？

然而事实并非如此，尽管人们付出了最大的努力，却从来没有见到过自由夸克。即使是在最高能的碰撞中，也没有自由夸克被观测到，这又是为什么呢？

曾经有一种想法风靡一时，认为夸克并不是真实存在的，而仅仅是一种数学游戏，是一种有用的虚构"粒子"，只是粒子的表现让我们觉得似乎它们是由夸克构成的，实际上并没有什么真的夸克。

不过历史很快打脸了这种想法，科学家们无可争议地证明了夸克的存在。大家回想一下，1911 年卢瑟福爵士用 α 粒子轰击原子，依据某些大角度偏转证明了原子核的存在，因为大角度的偏转证明入射的 α 粒子一定是撞上了一个小而密实的靶，也就是原子核。而 1968 年，历史又一次重演，科学家们把高能电子射入质子的内部，发现电子偶尔也会发生大角度侧向偏转，这证明电子在质子内部遇到了某种更小而密实的带电物体，也就是说夸克真实存在。不仅如此，人们还基于大角度散射的概率计算出质子内部真的有 3 个夸克。

那么既然夸克真的存在，为什么从来不单独出现呢？同时，为什么只有 $(q, \bar{q})$ 和 $(q, q, q)$，没有 $(q, \bar{q}, q)$ 和 $(q, q, q, q)$ 呢？为了解释这个问题，我们得聊聊夸克之间作用力的本质。

首先回忆一下，我们知道氢原子的质子和电子之间的引力主要是由于正负电荷之间的静电引力。可以通过类比引入另外一种"荷"，先假定夸克除了电荷以外就带有这种"荷"，强相互作用力正是这种"荷"之间的相互作用。科学家们把这种"荷"称为色荷，至于为什么这么叫，不久大家就会明白。

与正负电荷一样，正负色荷也会彼此相互吸引，不过作用力要强得多。这里我们假定夸克带有正色荷，反夸克带有负色荷，这也就解释了为什么很容易见到介子也就是 $(q, \bar{q})$ 的组合。同样类比静电场，假定同性色荷相互排斥，也就解释了 $(q, \bar{q}, q)$ 组合不可能存在，就像靠近氢原子的第二个电子不会被吸附在氢原子上一样，因为质子引力被电子斥力所抵消，同样第二个夸克也不会附在介子上，因为另一个夸克不欢迎它。

你可能会问，那 $(q, q, q)$ 组合又如何解释呢？这就要说到色荷与电荷之间的差异，电荷是唯一的，只有正负之分；而色荷却有三种，且每一种都有正负之分，科学家们将其记作红（r）、绿（g）、蓝（b），这个与日常生活中的颜色可没什么关系，别着急你马上就知道为什么了。首先有一个问题，不同色荷之间会发生什么作用呢？比如"红夸克"（$q_r$）和"蓝夸克"（$q_b$）之间会怎么样呢？答案是相互吸引。而"红夸克"（$q_r$）"绿夸克"（$q_g$）"蓝夸克"（$q_b$）各自带有不同的色荷，每个夸克都会被其他两个夸克所吸引，这种引力异常巨大，所以（$q_r$，$q_g$，$q_b$）结合得特别牢固，特别稳定，因而就产生了重子。

那又为什么不会出现（$q$，$q$，$q$，$q$）？很简单，因为色荷只有三种，所以第 4 个夸克所带的色荷必定与 3 个夸克当中的某个夸克相同，也就会受到那个夸克的排斥，这种斥力足以在某种程度上抵消另外两个带有不同色荷的夸克对第 4 个夸克的引力，所以第 4 个夸克无法加入组合。

说到这里，大家可能就明白"色荷"这个名称的由来了。正如原子整体呈电中性一样，夸克组合也应该是色中性的，也就是"白色"的。而把颜色混合成白色的方法正好也有两种，或者把一种颜色同它的补色混在一起，或者把三个原色混在一起，这与把三种色荷组合成色中的介子和重子的法则别无二致。

简单总结一下，夸克带有正色荷 r、g、b，而反夸克则带有负色荷 r̄、ḡ、b̄，同性色荷相互排斥，比如 r 排斥 r，ḡ 排斥 ḡ；异性色荷相互吸引，所以 r 吸引 r̄……最后，不同色荷也相互吸引。

接下来还有一个问题？为什么不存在自由夸克呢？为了回答这个问题，就必须更加深入地了解色荷相互作用的本质，而这事实上也是在了解各种作用力的本质。

量子理论认为，粒子间的相互作用并不是连续而是离散的，因此可以说任何一种作用力也就是所谓一个粒子传递给另一个粒子的机制，都涉及第三个中介粒子的交换。本质上讲，可以认为是粒子 1 朝着粒子 2 的方向射出中介粒子 3，在这个过程中粒子 1 受到反冲力的作用，就像子弹出膛时枪的后坐力一样；粒子 2 在接受中介粒子 3 时，吸收了它的动量，这一过程必然相对于粒子 1 是后退的。这种交换的最终结果是粒子 1 和粒子 2 彼此分开，而中介粒子从粒子 2 回到粒子 1 时，上述过程又重复了一次，粒子 2 和粒子 1 "分得更开"，整个作用的净效应是相互排斥的，也就是说受到一个斥力。

那么引力又是怎么回事呢？其实原理完全相同，如果要类比的话，这次粒子射出去的不是有去无回的子弹，而是个回旋镖。粒子 1 朝着远离粒子 2 的方向射出中介粒子 3，自身则受到朝着粒子 2 的反冲力作用；粒子 2 从相反的方向接收到中介粒子，又进一步被推向粒子 1。

比如对于两个电荷来说，中介粒子是光子，在光子的反复交换中，两个电荷或是相互排斥，或是相互吸引。

既然如此，我们不禁要问：夸克之间的强相互作用力也是通过某种中介粒子来实现的吗？答案是肯定的，强子相互作用的中介粒子叫作胶子。胶子有 8 种不同的类型，使得夸克在交换胶子的过程中既可以交换色荷，又可以保持原有的分数电荷和分数重子数。首先，第一个夸克射出一个胶子，这个胶子也就带走了夸克原来的色荷，但是夸克不能够没有色荷，所以在失去原来色荷的同时，它就要带上第二个夸克的色荷。而当胶子到达第二个夸克时，会把第一个夸克原来的色荷抵消掉，同时把从第一个夸克带来的色荷转交给第二个夸克。这样一来，通过中介粒子胶子的努力，整个反应的净效果就是两个夸克交换了色荷。

所以，要使这种反应能够发生，胶子就必须既带有某种色荷，又带有与之互补的色荷。比如，只有同时带有色荷 r 和 b 的胶子 $G_{rb}$，才可以参与下面的反应：

$$u_r \quad u_b + G_{rb} \quad \rightarrow \quad G_{rb} + d_b \quad d_r$$

这里有三种色荷和三种互补色荷，排列组合就是 $3 \times 3 = 9$ 种不同的可能组合，这些组合又可以进一步分成一个八重态和一个单态，就像前面把介子归入 SU（3）时我们看到的。胶子的单态对应 $r\bar{r}$、$g\bar{g}$、$b\bar{b}$，都是色中性的，不会与夸克发生相互作用，这里不再考虑单态的情况，便只剩下八重态，对应 8 种胶子。

同光子一样，胶子是没有质量的；但两者又有一点差异，因为光子不带电荷，而刚刚我们看到了胶子却带有色荷。也正因此，胶子不但能与夸克发生相互作用，胶子自身之间也可以发生相互作用，这就产生了与静电力完全不同的相互作用的特性。静电力会随着电荷间距离的增大而减弱，准确地说是与电荷间距离的平方成反比；而色荷之间的相互作用却始终具有相同的值，这个值与距离无关，除非色荷彼此靠得非常近——近到像两根橡皮筋的两端靠在一起。也就是说，当两个夸克靠在一起时，彼此之间的色荷作用力很小，但当距离增大时，这个力则恒定不变。

记住了这一点，我们回到最初的问题——为什么不存在自由夸克？假定科学家们试图把两个夸克分开，但是由于色荷之间存在着恒定的作用力，随着两个夸克间距离的增大，需要的能量越来越多，最后的结果就是分开两个夸克的能量足以产生一个夸克－反夸克对。那时会发生的是：原本联结两个夸克的纽带突然断开，同时产生一对夸克和反夸克，而反夸克会马上与被拉出的夸克凑在一起，组成一个介子；同时剩下的夸克会留在强子里取代旧夸克的位置。大家想想我们拿着一根磁铁试图把它的南、北极分开时的情况，磁铁分成了两半，得到的却是两块磁铁和各自新的南、北极，我们根本得不到单独的磁极，同样的道理，断开夸克之间的纽带也不会产生单独的自由夸克。

前面说过，质子和中子都是色中性的，它们之间存在着一种引力，正是这种引力对抗着原子核中带正电的质子之间的静电斥力，才使得原子核牢牢粘在一起不致散开。那么怎么理解核子之间的强相互作用力呢？先回忆一下原子是如何组成复杂的分子的，要知道每个原子本身都是电中性的。作用于各个原子的力我们称之为范德瓦耳斯力①，其本质是每一个原子里的电子都重新排列，从而在局部范围内受到其他原子核的静电引力。与之相似，尽管每个核子都不存在净色荷，核子里的夸克一样可以重新排列，这种排列可以在局部范围内产生与邻近核子的引力。所以核子之间的强相互作用力也被看作是组成它们的夸克之间的更为基

---

① 分子间作用力又称范德瓦尔斯力。主要有三个来源，一是极性分子的永久偶极矩之间的相互作用。二是一个极性分子使另一个分子极化，产生诱导偶极矩并相互吸引。三是分子中电子的运动产生瞬时偶极矩，它使邻近分子瞬时极化，后者又反过来增强原来分子的瞬时偶极矩，这种相互耦合产生静电吸引。 ——译者注

本的胶子力的"泄漏"。

这样一来，强相互作用力便在自然界各种基本作用力之间有了一席之地，有时候人们也把强相互作用力叫作胶子力，原因正在于此。不过与万有引力、电磁力等长程力不同，强相互作用力是短程力，作用距离只有原子核大小的 $10^{-15}$ 米，所以我们可以很容易在宏观上通过行星轨道、无线电波等例子发现万有引力、电磁力，却很难发现强相互作用力。

除了上面的三种力，还要为大家介绍第四种相互作用——弱相互作用力。其实就强度而言，弱相互作用力并不比电磁力弱，这种弱更多的是因为它的作用距离甚至比强相互作用力还要更短，只有 $10^{-17}$ 米。不过值得一提的是，尽管距离很短，弱相互作用力却在自然界中扮演着至关重要的角色。举个核反应链为例子，氢（H）能够聚合变成氦（He）并释放出能量，这样的反应每时每刻都在太阳上发生着，是太阳的能量之源，相应的反应可以表示如下：

$$p + p \quad \rightarrow \quad {}_1^2H + e^+ + \nu_e$$
$$\phantom{p + p \quad} {}_1^2H + p \quad \rightarrow \quad {}_2^3He + \gamma$$
$$\phantom{p + p \quad {}_1^2H + p \quad} {}_2^3He + {}_2^3He \quad \rightarrow \quad {}_2^4He + p + p$$

这其中第一个反应就要归功于弱相互作用力。式中 $\gamma$ 表示伽马射线，是一种高能光子，${}^2H$ 是一个质子和一个中子组成的氘核，$\nu_e$ 是中微子。

弱相互作用力同样也是自由中子发生如下衰变的原因所在，其中 $\bar{\nu}_e$ 是反中微子。

$$n \quad p + e^- + \bar{\nu}_e$$

大家大概会觉得奇怪，这些"作用力"的讨论与粒子的相互转变又有什么关系呢？大有关系，只要粒子之间彼此产生影响，不论是什么样的方式，物理学家就称这种影响为"作用力"或"相互作用"的结果，运动状态如此，粒子自身的改变亦如此！

前面我们说过，与强子不同，电子和中微子都感受不到强相互作用力，因为电子和中微子都不带色荷，中微子甚至都不受电磁力的作用，因为它也不带电荷，也正是中微子从来不同其他粒子相互作用的这个事实让我们必须考虑另一种类型的相互作用——弱相互作用力。

科学家们把电子和中微子称作"电子型轻子"，它们的电子型轻子数等于 +1；电子和中微子都有对应的反粒子，也就是正电子和反中微子，它们的电子型轻子数等于 –1。与强子反应中的重子数 $B$ 守恒一样，上述几个反应式的轻子数也是守恒的。轻子数是弱相互作用中非常重要的概念，而且因为电子和中微子具有相同的轻子数，事实上截至目前在谈到弱相互作用力时，两者没有任何差别。

大家可能还有一个疑问，电子型轻子又是什么意思呢？因为实际上，自然界中还有渺子和渺子型中微子，它们也有着各自的轻子数，在反应中同样遵循轻子数守恒定律。这样我们就得到了这些轻子组成的 3 种双重态。

夸克同样也可以组成双重态，前面我们已经知道质子和中子可以一起构成一种同位旋双重态，也就是所谓核子的不同带电状态。同理，组成质子和中子的上夸克和下夸克也组成一种双重态；
奇夸克和粲夸克、底夸克和顶夸克也各自组成双重态。

　　夸克的同位旋双重态与轻子的"弱同位旋"双重态之间一起
组成了 3 个世代，如表 2 所列。

表 2　夸克双重态和轻子双重态的 3 个世代

| 世代 | 第一世代 | 第二世代 | 第三世代 | 电荷 |
|---|---|---|---|---|
| 夸克 | $u$ | $c$ | $t$ | 2/3 |
| | $d$ | $s$ | $b$ | -1/3 |
| 轻子 | $e^-$ | $\mu^-$ | $\tau^-$ | -1 |
| | $\nu_e$ | $\nu_\mu$ | $\nu_\tau$ | 0 |

　　与强相互作用一样，在弱相互作用中，电荷、重子数和轻
子数这些量子数也是守恒的。不过与强相互作用不同的是，弱
相互作用中夸克的味量子数不必守恒。举个例子，中子（$u$，$d$，
$d$）衰变成质子（$u$，$u$，$d$）就是一个 $d$ 夸克改变味量子数而变
成稍轻一点的 $u$ 夸克，同时释放出多余的能量。对于带有 $t$、$B$、
$c$、$S$ 等夸克的强子来说，情况都是如此，高能碰撞中产生的强
子中的 $t$、$B$、$c$、$S$ 等夸克会立即改变味量子数变成比较轻的夸
克。奇异粒子 $\Lambda^0$（$s$，$u$，$d$）的衰变就是因为 S 夸克变成了 u
夸克。

$$\Lambda^0 \qquad p + \pi^-$$

　　这也正是新粒子不能长期存在的原因——一经产生就马上衰
变成比较轻的粒子，因此组成我们这个世界的物质几乎全部由上

夸克、下夸克这两种最轻的夸克和电子构成。

为了进一步认识弱相互作用力，我们又必须得回头看点别的东西。第一次谈到自然界不同的作用力时，当时我说有电力、有磁力，而且是把它们分开说的。历史上也的确如此，最初被观察到时，电力和磁力的确表现为不同类型的力，直到19世纪60年代，天才的麦克斯韦才把当时已知的全部电现象和磁现象综合在一起，并进一步意识到这其实是一种力——电磁力。

统一不同的力的努力从来没有停止过，在谢尔顿·格拉肖（Sheldon Glashow）前期工作的基础上，史蒂夫·温伯格（Steven Weinberg，1967年）和阿布达斯·萨拉姆（Abdus Salam，1968年）成功建立了一个优美的理论，该理论进一步统一电磁力和弱相互作用力为一种力的不同表现形式，他们把这种力叫作"电弱力"。

这也就意味着，我们需要像已经讨论过的其他力一样，找到电弱力的中介粒子，温伯格等人预言，起这种作用的粒子有3种，分别是 $W^+$ 玻色子、$W^-$ 玻色子和 $Z^0$ 玻色子，只不过当时这3种粒子都还没有被发现。

1983年，随着玻色子的发现，电弱统一理论大获全胜，当然，与其他新粒子一样，3种玻色子都是不稳定的，会很快按照如下反应衰变：

$$W^- \quad e^- + \bar{v}_e \quad \text{或者} \quad Z^0 \quad v_e + \bar{v}_e$$

$Z^0$ 玻色子的衰变特别有趣，它不仅能衰变成 $v_e$ 和 $\bar{v}_e$，也可以衰变成 $v_\mu$ 和 $\bar{v}_\mu$ 或者 $v_\tau$ 和 $\bar{v}_\tau$，衰变的可能性越多，衰变得就越快，因此可以用 $Z^0$ 玻色子的衰变周期推测出中微子和反中微子组合的数量，而通过对这一衰变周期的测量表明，实际上只有 3 种中微子——就是我们已经发现的那 3 种中微子。由此也可以进一步得出结论，轻子的双重态只有 3 种。

不仅如此，从表 2 中我们知道轻子双重态与夸克双重态一起组成 3 个世代，由此可以推断出夸克双重态大概也只有 3 种，换句话说，夸克的味量子数也只有 6 种。这一点就很有意义了，科学家们原本一直困惑，为什么新发现的夸克总比原先的夸克要重一些，其次序及能量分别为：上夸克 $u$（5 MeV）、下夸克 $d$（10 MeV）、奇夸克 $s$（180 MeV）、粲夸克 $c$（1.6GeV）、底夸克 $b$（4.5 GeV）、顶夸克 $t$（180 GeV）[①]。更重的夸克意味着由它构成的强子也更重，而强子越重就越难以产生。人们不禁一度怀疑，是不是还有一些未知的味量子数，我们之所以从来没有发现它们，只不过是因为无法产生足够的能量，要知道即使把全球的国民生产总值都投入到高能物理的预算黑洞里，又能造出多大的同步回旋加速器呢？不过好在有 $Z^0$ 玻色子打消了人们的怀疑，它让我们有理由相信，自然界中只有目前已经发现的 6 种味量子数。

至此可以稍微总结一下了，基本粒子总共有 24 种，包括：

---

① 夸克质量包括两种，一个是"夸克质量"，指在电弱对称破缺后夸克获得的质量；另一个则是"组份夸克质量"，是夸克质量加上其周围胶子场强作用而形成的质量。考虑到本文中所列的夸克质量均较大，译者认为至少对于轻夸克而言实际上指的是后者"组份夸克质量"。　　　——译者注

（ⅰ）6种夸克和6种轻子；

（ⅱ）12种中介粒子——8种胶子、光子、W玻色子和 $Z^0$ 玻色子[1]。

这样一来便有了粒子物理学所谓的标准模型，这个模型可以概括前面所提到的一些构成自然界的组成部分和相互作用。可以很高兴地告诉大家，直到今天为止，所有的实验结果都遵循这一模型。

那么将来呢？

至少有一条重要的研究思路是把各种力统一起来，就像我们先统一了电力和磁力，又统一了电磁力和弱相互作用力，也许有朝一日，电弱力和强相互作用力也不过是一种相互作用的不同表现形式。目前人们已经发现，随着能量越来越高，强、弱相互作用力会减弱，而电磁力的强度却会增大，它们似乎可能在某一点上收敛。按照当前流行的理论，当能量达到 $10^{15}$ Gev 时，所有这几种力将不分伯仲，如果真是如此，我们就可以肯定地说，其实所谓的不同相互作用都是一种大统一力。当然我觉得这个名称有点嚣张，不过人们就是这样叫的。

可惜的是，$10^{15}$ Gev 是实验室里无法奢望的能量，那需要的同步回旋加速器实在是太大太大了，我们目前所能达到的能量极

---

限是 $10^3\text{GeV}$。但希望永在，尽管这样高的能量我们暂时无法达到，科学家们依然希冀在现有能量条件下有一些有价值的发现。

比如，有人曾提出一种质子长周期衰变理论，其衰变模式是 $p \rightarrow e^+ + \pi^0$，人们也的确曾经试图看看质子究竟有没有这种不稳定性的表现，不过直至今天依然没有什么发现。尽管如此，科学家们还是认为质子衰变可能是超高能在无法实现的情况下，探索大统一的有效途径。

需要指出的是，实验室不行，不代表 $10^{15}$ Gev 就不存在，这样的能量条件曾经一度出现过。那是大爆炸后紧接着的瞬间宇宙的状态。在那个时候，宇宙由各种基本粒子密集混合而成，它们一边随机运动，一边激烈地相互碰撞；温度极高，粒子的碰撞就是在那种异常高的能量中进行的。

可以想象，在宇宙"早期"，也就是大爆炸后大约 $10^{-32}$ 秒内，温度达到了 $10^{27}$ K，能量达到了 $10^{15}$ Gev，强、弱相互作用力和电磁力强度完全相同。再然后，由于发生膨胀，宇宙逐渐冷却下来，可用于进行碰撞的能量比较小，也就比较难以产生较重的粒子，各种作用力才开始慢慢变得各有特性，我们把这种情形称为对称自发破缺。

打个比方，就像水冷却到冰点以下时发生"相变"形成冰一样。在液体条件下时，所有方向都是等效的，但是冰是晶体，有非常确定的晶轴。也就是说，在结晶的过程中，我们必须在空间选定某些方向作为晶轴的方向，尽管这种选择是非常随机的。是的，晶轴的取向并没有任何物理意义，它的存在只是掩盖了原本水在液体情况下所有方向都是等效的这一基本事实。所以我们说，水原有的完美旋转对称性被隐藏了起来，或者说它"自发破缺"了。

各种作用力亦是如此，当相互作用粒子们冷却下来时，同样经历了某种"相变"，所以强、弱相互作用力和电磁力才变得如此特点各异。但同样的，这种差异并没有什么重要的意义，我们不应该为这种差异所蒙蔽，却忽视了这些力共有的基本对称性——大统一力的对称性。

遗憾的是，本来我还可以介绍很多别的东西，但我的演讲就要结束了。比如，为什么基本粒子会得到它们所具有的质量？也比如磁单极子。我们都知道，掰断磁铁无法产生磁单极子，但这并不妨碍它真的存在，这种可能性最先由保罗·狄拉克提出，而且大统一理论同样预言了磁单极子的存在。

至于标准模型的拓展，目前看处于领先的是超对称性理论，该理论提出，如果把胶子、光子、玻色子等被交换的中介粒子当作一方，把夸克和轻子等进行交换的粒子当作另一方，那么两者的差别是不是真的有那么大？

同样值得一提的还有超弦理论[①]，该理论认为尽管夸克和轻子等基本粒子看起来像点状物，但它们并不是点，而是非常微小的"弦"，长度不大于 $10^{-34}$ 米——很小，却绝不是我们过去想象的

———————————

① 超弦理论属于弦理论的一种，是一种引进了超对称的弦论，认为十维时空中的弦才是组成物质的最基本单元，所有的基本粒子如电子、光子、中微子和夸克都是弦的不同振动激发态。　　　　　　　　　　——译者注

那种简单的点。

　　当然，如你所想，这些都还只是猜测，这些理论是否有朝一日能像标准模型一样被人们广泛接受，谁知道呢？只能骑驴看唱本——走着瞧了！

# 后记

那天天气炎热，阳光明媚，非常适合坐在外面的花园里。不过黄昏将近，天色渐暗，汤普金斯先生放下了手里的书，朝着旁边画着画的莫德打开话匣。

"画什么呢？能让我看看吗？"

"又来，我说很多次了，不喜欢把还没有完成的工作拿给别人看！"

"这么暗的光线，会把眼睛弄坏的。"

"真想知道？那我可以和你聊聊关于这座雕塑的想法。"

"什么雕塑？"

"给实验室设计的雕塑。"

"什么实验室？我有点懵。"

"就是我们参观过的那个实验室啊……亲爱的，我好像忘了告诉你啦，那天你去包扎伤口的时候，我在外面等你，闲极无聊就和公关部的负责人里奇特先生聊了会儿。我开玩笑说他应该在前院摆一座雕塑。他竟欣以为然，还说老早就想了，他似乎对烧

焦的东西特别感兴趣，觉得这些东西可以帮助人们理解高温、高
能及猛烈的碰撞等诸如此类的现象，所以这个雕塑最好能表征这
些玩意，而不是那种常见的老一套雕塑。"

"那么，你被委托建造这座雕塑了？"

"哪有那么容易？至少现在还没，我得先画草图、提出构想、
预估资金。他也可能找别人，不过他倒是知道我挺喜欢物理的，
这一点或许有点帮助，而且他知道我爸爸，这也是个加分项。"

莫德把草图放到一边，两人一起凝视着夜空中的第一颗
星星。

"你有没有后悔过放弃物理学？"汤普金斯先生问莫德。

"比如那次参观之后？有时候会想想，要不要做些科技前沿
的事情。不过肯定算不上后悔，也谈不上放弃，事实上我有很多
时间可以继续做自己喜欢的事情，不过组织一个庞大的研究小
组，完成要 5 年、6 年或者 7 年才能完成的实验……我想我没有
这个耐性。"

"我就一直忘不了那些，尤其是那台加速器，想想也觉得可
笑，人们想要了解的东西越小，需要的仪器却越大。"

"的确如此，同样有意思的也像整个研究，为了搞清楚物质
的最小组成部分，我们却要去了解整个宇宙。反过来认识宇宙的
关键却又在于那些看不见的粒子的性质。"

"什么意思？"

"就是关于宇宙早期自发对称破缺的研究啊！与膨胀理论有
关，也是为什么宇宙密度接近临界值的原因，我告诉过你的，别

说你忘了哈！”

"哪里哪里，当然记得。不过好像我也没有搞清楚这些关系……"

"想想看，爸爸是怎么说各种作用力的'相变'的，就是呈现出它们各自不同的性质，他说有点像形成冰晶体，对吧？"

汤普金斯先生点点头。

"那好，水冻结成冰时就发生了膨胀，宇宙也一样：随着宇宙的冷却，同样发生了相变，进入了一种叫作'暴胀'[①]的超速膨胀状态，之后膨胀速度逐渐减慢，直到变成今天的样子。暴胀的时间只持续了 $10^{-32}$ 秒，但绝对至关重要，宇宙的绝大多数物质都是在这段时间内产生的……"

"嗯？你说绝大多数物质？不是宇宙中的全部物质都是在大爆炸的瞬间产生的吗？"

"不对，最开始时只有一小部分物质，大多数物质都是在那瞬间以后极短的时间内产生的。"

"怎么会呢？"

"怎么不会呢？你知道冰变成水时会释放巨大的熔化潜热对吧？暴胀相变时也是这样，释放出巨大的能量，然后产生巨多的物质，这种产生物质的机制正好使得物质的数量恰巧能达到临界

---

① 1980 年，麻省理工学院科学家阿兰·固斯提出暴胀理论。该理论认为，早期宇宙的空间以指数倍的形式膨胀，也就是"暴胀"，暴胀过程发生在宇宙大爆炸之后的 $10^{-36}$ 秒至 $10^{-32}$ 秒之间，以非常大的增长速率膨胀，在暴胀结束后，宇宙继续膨胀，但是膨胀速度则小得多。

——译者注

密度——那个意义重大的临界密度，你知道的，对吧？"

"当然，临界密度掌控着宇宙的未来。它决定了星系膨胀的速度将不断减慢，直到最终不再膨胀，不过那是猴年马月的事情了。"

"说得对！所以说无论是宇宙的起源还是宇宙的未来，关键都在于基本粒子，也就是微观物理学。不仅如此，我们还知道，要使密度达到临界密度，宇宙中就肯定还存在大量的暗物质，但具体是什么我们还不知道，可能是获得质量的中微子，也可能是由大爆炸相互作用，留下的一些未知的大质量弱相互作用的粒子组成。科学家们希望通过对高能物理的研究回答这些问题。"

"哦，我明白你说的啦。"

"反过来也一样，检验基本粒子在大统一能量下行为的唯一方法，就是看看大爆炸早期它们是什么样的，因为只有那个时候才存在那种大统一的能量。"

汤普金斯先生思考了片刻，"的确是，要把一切事物都联系在一起。原来爸爸这一系列的讲座都是有联系的，比如基本粒子与宇宙学、比如高能物理学与相对论、比如基本粒子与量子理论。世界多么奇妙！"

"还包括宇宙学与量子理论，量子理论在最小的尺度上才有最大的作用，那不就是宇宙起源的时候吗？以宇宙微波背景辐射为例，乍一看，似乎完全均匀，在各个方向都完全相同。不过事实上这种说法根本经不起推敲，如果密度没有至少一定程度的不均匀性，星系和星系团赖以形成的中心就不复存在。事实上，不均匀性始终存在，程度大约是万分之一，很小很关键，正是这样极小的不均匀性勾勒出了宇宙大规模结构的雏形——后来才有了星系、星系团和超星系团。关键的问题在于，这种不均匀性源于什么呢？目前这个问题仍然无法回答。宇宙起源时尺度非常之小，所以人们猜测这种不均匀性诞生于那时的量子涨落。如果一旦能证明整个宇宙的大规模结构的确是源于这种最为微小的涨落，那真是太振奋人心了……"

　　莫德说着声音逐渐小了下来，因为旁边平稳的鼾声徐徐传来，汤普金斯先生又去拜见周公了！

# 词汇表

加速器（accelerator）：书中特指粒子加速器。使带电粒子在高真空场中受磁场力控制、电场力加速而达到高能量的特种电磁、高真空装置。

α粒子（alpha particle）：某些放射性物质衰变时放射出来的粒子，由两个中子和两个质子构成的氦原子核。

反粒子（antiparticle）：正电子、反质子、反中子、反中微子、反介子、反超子等粒子的统称。一般认为每一种粒子都有它的反粒子，反粒子的质量和自旋与粒子相同，而诸如电荷、重子数、奇异性、轻子数等其他性质则具有与粒子相反的值，反粒子与所对应的粒子相遇就发生湮灭而转变为能量或别的粒子。

原子（atom）：包括一个原子核和围围的电子云。

重子（baryon）：由三个夸克组成的强子。

重子数（$B$）（baryon number）：粒子物理学中定义的一个量子数，用于标识基本粒子，规定重子的重子数为+1，反重子的重子数为-1，其他粒子如轻子、介子、规范玻色子的重子数为0。

夸克的 $B = +1/3$，而反夸克的 $B = -1/3$。

**宇宙大爆炸（big bang）**：描述宇宙诞生初始条件及其后续演化的宇宙学模型，得到了当今科学研究和观测最广泛且最精确的支持。按照这个理论，宇宙在大约 120 亿年以前由一个能量密度极大的点爆炸而产生，之后不断膨胀和冷却。

**黑洞（black hole）**：一个物质密度极高的区域，黑洞的引力极其强大，使得视界内的逃逸速度大于光速，以致光线也无法从这个区域逃逸出去。

**底数（ $b$ ）（bottom）**：描述强子内部性质的一种量子数，底数是体现在粒子组成中所包含底夸克的量所引入的量子数，底夸克的底数 $b$ 为 +1，反底夸克的底数 $b$ 为 –1。

**荷（charge）**：粒子带有若干种不同的荷，包括电荷、色荷、弱荷等，这些荷决定了粒子以什么样的方式与其他粒子相互作用。

**粲数（ $c$ ）（charm）**：描述强子内部性质的一个味量子数，用以表示粒子中粲夸克与反粲夸克的数量差异，粲夸克的粲数 $c$ 为 +1，反粲夸克的粲数 $c$ 为 –1。

**化学元素（chemical elements）**：具有相同的核电荷数的一类原子的总称，每一种元素都有其独有的原子，各种原子所拥有的电子数及其原子核中的中子数和质子数都不相同。

**色荷（colour charge）**：是夸克与胶子的一种性质，在量子色动力学（QCD）架构下对强相互作用负责，色荷分为三种，通常用红、绿、蓝三色表示。

**色力（colour force）**：夸克与胶子之间的作用力。

**守恒定律（conservation law）**：指在自然界中某种物理量的值恒定不变的规律。在粒子物理学领域，粒子之间发生相互作用时，电荷、重子数等物理量恒定不变。

**宇宙背景辐射（cosmic background radiation）**：也称"宇宙微波背景辐射（CMBR）"或"遗留辐射"，是宇宙学中"大爆炸"遗留下来的电磁波辐射，以微波波长的热辐射的形式出现，相应的温度约为 2.7K。

**临界密度（critical density）**，以物质为主的宇宙在很长时间停止膨胀所需的宇宙密度。临界密度的两边是宇宙未来可能的两种前景，或者永远膨胀下去，或者有朝一日膨胀会被收缩所取代。如果暴胀理论是正确的，那么宇宙的密度就应该等于临界密度（$10^{-36}$ 千克 / 米 $^3$）。

**暗物质（dark matter）**：通常是指宇宙中那些不发光的、不可见的物质。对星系和星系团的运动的天文学观测表明，暗物质的确存在。

**探测器（detector）**：书中特指粒子探测器。一种可以使人看到带电粒子运动轨迹的仪器，基本技术各式各样，有的使用云室中的小水滴，有的使用气泡室中的气泡，也有的使用闪光、闪烁等，而且随着科学技术的不断发展，探测器的种类也越来越多，有的甚至能够辨识出不同的粒子。

**氘核（deuteron）**：氢的同位素氘的原子核，包括一个质子和一个中子。

**衍射（Diffraction）**：表现波动行为的一种性质，波可以通过障碍物的缝隙或绕过障碍物继续传播，一些波会偏离直线传播而进入障碍物后面的"阴影区"。

电荷（electric charge）：书中指粒子的一种属性，两个带电物质之间会互相施加作用力于对方，也会感受到对方施加的作用力，所涉及的作用力遵守库仑定律。电荷分为两种，"正电荷"与"负电荷"，同性相斥，异性相吸。例如，质子带有一个单位的正电荷，电子带有一个单位的负电荷，因而两者互相吸引。

电子（electron）：质量最轻的带电轻子，是原子的组成部分。

电子伏（eV）（electron volt）：能量单位，代表一个电子即电量为 $1.6 \times 10^{-19}$C 的负电荷被 1 伏特的电位差加速所需要的能量。

电磁力（electromagnetic force）：带电粒子所受到的电力和磁力，是同一种力的两种不同的表现形式，所以统称为电磁力。

电磁辐射（electromagnetic radiation）：由空间共同移送的电能量和磁能量所组成，而该能量是由电荷移动所产生的。书中指带电粒子加速时所发出的辐射。

电弱力（electroweak force）：电磁力和弱相互作用力的两种不同的表现形式，统称为电弱力。

等效原理（equivalence principle）：书中的等效原理指广义相对论的第一个基本原理，基本含义是指引力场与以适当加速度运动的参考系是等价的。该原理由爱因斯坦于 1911 年发现，1915 年正式提出。

基本粒子（elementary particles）：组成物质的最基本粒子，

严格地说，这个名词只适用于夸克、轻子和中介粒子[①]，但是把范围放宽一类，它也指质子、中子、其他重子和介子。

（离散）能态（energy states）：根据量子理论，每个粒子都有一个伴随波，波长决定着该粒子的动量及能量。这种波像其他波一样被局限在一定的空间区域内时，波长只能取某些一定值。一个被约束的粒子（例如原子中的电子），能量就只能取某些离散的值。

熵（entropy）：热力学中用来衡量粒子系统的无序程度的物理量。

事件视界（event horizon）：一种时空的曲隔界线，在黑洞周围的便是事件视界。在非常巨大的引力影响下，黑洞附近的逃逸速度大于光速，使得任何光线皆不可能从事件视界内部逃脱。

交换力（exchange forces）：量子力学认为几种相互作用是交换中介粒子而在基本粒子之间产生的作用力，例如电磁力是由于交换光子而产生的，色力是由于夸克之间交换胶子而产生的。

不相容原理（exclusion principle）：又叫泡利不相容原理，是微观粒子运动的基本规律之一，用于费米子组成的系统。书中特指原子中不能容纳运动状态完全相同的电子。

膨胀宇宙（expanding universe）：根据科学研究及天文观测发现从宇宙大爆炸开始，整个宇宙在不断膨胀。根据哈勃定律，各个星系团都在彼此退行，星系团之间的距离越大，退行速度就越快。

---

[①]　原文仅包含夸克和轻子也就是费米子，其实也应该包括依随玻色‑爱因斯坦统计，自旋为整数的玻色子。　　　　　　　　　　——译者注

**场（field）**：指某种空间区域，具有一定性质的物体能对与之不相接触的类似物体施加一种力或作用，其值在时空中逐点发生变化。两个粒子之间的相互作用就是由于在它们各自的位置上感受到对方所产生的场，场的种类有电磁场、弱场和强（色）场等。

**味（flavour）**：一种用于区别不同种夸克的量子数，夸克有上夸克、下夸克、奇夸克、粲夸克、顶夸克和底夸克等 6 种味。

**频率（frequency）**：单位时间内振动次数或周期运动的循环次数。

**冻结混合物（freeze-out mix）**：也称冻结混成度，指大爆炸后密度和温度降低到原初核合成无法进行时的状态或各种不同原子核的相对丰度，后者有时也称为"原初核合成丰度"。

**星系（galaxy）**：指数量巨大的恒星系及星际尘埃组成的运行系统。在可观测的宇宙中，星系的总数大约达到一千亿个。

**伽马（γ）射线（gamma ray）**：一种频率非常高的电磁辐射。

**世代（generation）**：两个夸克和与之伴随的两个轻子的组合，分为三个世代，第一世代为（$u$, $d$, $e^-$, $\nu_e$），第二世代为（$c$, $s$, $\mu^-$, $\nu_\mu$），第三世代为（$t$, $b$, $\tau^-$, $\nu_\tau$）。

**胶子（gluon）**：传递夸克之间强相互作用的粒子，胶子有 8 种可能的色态。

**大统一理论（grand unification）**：又称为万物之理，由于微观粒子之间仅存在四种相互作用力，万有引力、电磁力、强相互作用力、弱相互作用力。通过进一步研究四种作用力之间的联系与统一，寻找能统一说明四种相互作用力的理论或模型称为大统一理论。书中更多是指电磁力、强相互作用力、弱相互作用力的统一。

**引力势能**（gravitational potential energy）：物体在引力场中具有的势能叫作引力势能。

**引力红移**（gravitational redshift）：当电磁辐射原理某个恒星表面发出的引力场时，其频率发生的移动，表现为频率降低，在可见光波段，表现为光谱的谱线朝红端移动了一段距离；而当电磁辐射落向引力场时，其频率则表现为蓝移。

**强子**（hadron）：受到强相互作用力的粒子的统称，包括重子和介子，如质子和 π 介子。

**热寂理论**（heat death of the universe）：猜想宇宙终极命运的一种假说。所有恒星最终都会耗尽核燃料，那时整个宇宙将会变冷，没有任何生命存在。

**氦**（helium）：次轻的化学元素，氦原子的原子核就是 α 粒子，外层拥有两个电子。

**海森堡测不准原理**（heisenberg's uncertainty relation）：不可能同时精确确定一个基本粒子的位移 $q$ 和动量 $p$。粒子位置的不确定性和动量不确定性的乘积必然至少与普朗克常数 h 属于同一数量级，即 $\Delta p_{粒子} * \Delta q_{粒子} \approx$ h。

**高能物理学**（high-energy physics）：又称粒子物理学或基本粒子物理学，研究比原子核更深层次的微观世界中物质的结构性质，该分支学科需要在很高的能量下，利用高能粒子束，这些物质相互转化的现象，以及产生这些现象的原因和规律。

氢（hydrogen）：最轻的化学元素，包括含有一个质子的原子核和核外的一个电子。

暴胀理论（inflation theory）：该理论指出，在大爆炸瞬间的最初 $10^{-32}$ 秒内，宇宙经历了一个快速膨胀的过程，科学家们称之为"暴胀"。尽管暴胀的时间是如此短暂，却决定了宇宙的密度能够达到临界密度值，并最终决定了宇宙最终的命运。

波的干涉（interference of waves）：物理学现象。频率相同的两列波叠加，使某些区域的振动加强，某些区域的振动减弱，而且振动加强的区域和振动减弱的区域相互隔开。如果一个波束的波峰正好同另一束的波峰完全重合，所产生的干涉就叫作相长干涉。如果一个波束的波峰正好同另一个波束的波谷重合，所产生的干涉就是相消干涉。干涉会形成特殊的干涉条纹或图样，以此证明波动性。

离子（ions）：比正常原子多或者少一个或几个电子的"原子"，也就因此带负电或者带正电。

同位旋（$I_z$）（isospin）：一种基本粒子量子数，反映自旋和宇称相同、质量相近而电荷数不同的几种粒子归属性质，因其在数学上的表现方式与量子理论中的自旋相似被称为同位旋。同位旋拥有三个分量，在强相互作用中，同位旋守恒；在弱相互作用中，同位旋不守恒。

长度收缩效应，又称尺缩效应（length contraction）：根据爱因斯坦的狭义相对论，相对于观察者运动的物体，在观察者看来沿着运动方向的长度缩短。

轻子（lepton）：所有受到弱相互作用力的粒子的统称，也定义为不参与强相互作用的自旋为ħ/2的费米子，轻子不带色荷，包括电子、渺子、τ粒子以及与之相关的中微子。

轻子数（lepton number）：与轻子有关的一种守恒量子数，三种轻子各有其量子数，轻子参与的所有弱相互作用和电磁相互作用过程中轻子数守恒。

磁单极子（magnetic monopole）：只带有一个磁极的粒子。暗物质中的暗物质粒子，大统一理论和超弦理论都预测了它的存在，不过到目前为止还没有发现磁单极子的存在。

质量（mass）：粒子的一种性质，决定改变粒子运动状态的难度，有时也被称为惯性质量。

矩阵力学（matrix mechanics）：量子力学其中一种的表述形式，矩阵力学由海森堡在1925年6月首先提出，经过玻恩、约当、狄拉克等完善后形成，以比较简单的线性谐振子作为提出新理论为出发点，给出了量子力学的矩阵形式。

麦克斯韦妖（maxwell's demon）：物理学中假想的妖，能探测并控制单个分子的运动，把运动快的粒子和运动慢的粒子分开，于1871年由英国物理学家詹姆斯·麦克斯韦为了说明违反热力学第二定律即熵增定理的可能性而设想的。

介子（meson）：由一个夸克和一个反夸克组成的粒子。介子的静态质量介于轻子和重子之间，所以取名为介子。

银河（milky way）：指横跨星空的一条乳白色亮带。

分子（molecule）：决定物质化学性质的最小单元，由组成的原子按照一定的键合顺序和空间排列而结合在一起的整体。

**动量（momentum）**：表示为物体的质量和速度的乘积。

**渺子（muon）**：一种第二世代的轻子。

**中微子（neutrino）**：也称微中子，是轻子的一种，是组成自然界的最基本的粒子之一，分别与三种不同的轻子相对应。中微子是一种电中性的粒子，质量非常小，甚至可能等于零。

**中子（neutron）**：组成原子核的电中性粒子，由三个夸克构成。

**核裂变（nuclear fission）**：是指由重的原子核（主要是指铀核或钚核）分裂成两个或多个质量较小的原子的一种核反应形式。

**核聚变（nuclear fusion）**：由质量小的原子核发生互相聚合作用，生成新的质量更重的原子核的一种核反应形式。

**核子（nucleon）**：组成原子核的中子和质子的统称。

**核合成（nucleosynthesis）**：其实就是核聚变过程，从已经存在的核子（质子和中子）创造出新原子核，在这个过程中产生了化学元素的原子核。宇宙大爆炸后 100 秒左右发生的宇宙范围内的核反应被称为原初核合成，为宇宙大爆炸理论的组成部分。恒星核合成是恒星高温内部区域中的原子核进一步的聚变。爆炸性核合成主要发生在超新星爆发的时候。

**原子核（nucleus）**：原子的核心，原子核由中子和质子组成。

**对生成（pair production）**：高能光子（大于 1022keV 也就是两个电子的静质量）在物质原子核电场作用下转化为一个正电子和一个负电子的过程称为电子对生成。对生产也适用于夸克和反夸克对、质子和反质子对生成等过程。

**粒子（particle）**：最初指能够以自由状态存在的最小物质的组成部分，目前已经是一个被泛用的名词，既包括质子和 π 介子等强子，也包括夸克和轻子等基本粒子。

**光电效应（photoelectric effect）**：书中特指高能紫外线光子撞击金属表面发射出电子的过程。

**光子，又称光量子（photon）**：是电磁辐射的一种形式，是产生电磁力的中介粒子。

**π 介子（pion）**：质量最轻的介子，带电的 π 介子衰变成一个渺子和中微子，电中性的 π 介子衰变成两个光子。

**普朗克常数（h）（planck's constant）**：一个物理常数，用于描述量子大小，也是海森堡测不准原理中出现的一个基本物理常数，值为 $h = 6.626 \times 10^{-34}$ 焦·秒。

**正电子（positron）**：电子的反粒子。

**势垒（potential barrier）**：带正电的粒子在接近原子核时，先受到原子核中质子的正电荷静电斥力的作用；但更进一步深入时，就会进入强相互作用力作用范围，强相互作用力开始起主要作用，吸引带正电的粒子。所以粒子的行为就好像是先被一个堡垒拒之于外，然后克服了这个堡垒。

**概率云（probability clouds）**：按量子力学计算出的数学上的概率分布，即电子并不是沿着一定轨道运动，而是按一定的概率分布在原子核周围而被发现，科学家们概率分布叫作"概率云"。

**概率波**[①]（probability waves）：指空间中某点某时刻找到一个量子的数学概率。

**质子**（proton）：组成原子核的带正电粒子，由三个夸克构成。

**量子**（quantum）：现代物理的重要概念，表示物理量最小的不可分割的基本单位，或者是夸克、轻子等物质的基本组成部分之一，或者胶子、光子等负责传递作用力的中介粒子。

**量子数**（quantum number）：基本粒子所具有的性质，如重子数、轻子数等。粒子间发生特定反应，特定量子数一般应该守恒。

**量子理论**（quantum theory）：又称量子力学、波动力学，研究原子或亚原子粒子行为所创立的理论，在描述辐射时，需要综合考虑波粒二象性。当辐射从一个地方向另一个地方运动时，考虑波动特性，当辐射与物质相互作用，并交换能量和动量时，考虑粒子特性。

**夸克**（quark）：强子的基本组成部分，夸克分为 6 种，也称 6 味，可以成对地分成 3 个世代。

**类星体**（quasar）：又称为似星体、魁霎或类星射电源，一种在极其遥远距离外观测到的高光度天体，类星体比星系小很多，发出的光需要很长的时间才能到达我们这里，其超常亮度使自己的光能在 100 亿光年以外的距离处被观测到。

---

① 概率波不能直接观察到的，而经典物理学的波可以，不过都遵守波的叠加原理，都有干涉现象。经典物理学的波的位置、形状、运动轨迹都是确定的，概率波要遵守不确定原理。
——译者注

放射性衰变（radioactive nuclear decay）：重原子核自发地转变成较轻粒子的过程。

红巨星（red giant star）：恒星燃烧到后期所经历的一个较短的不稳定阶段形成的星体，之所以被称为红巨星是因为这类星体看起来颜色是红的，体积又很巨大。

广义相对论（relativity, general theory）：是描述物质间引力相互作用的理论，由爱因斯坦 1915 年提出，1916 年正式发表，在该理论中，引力场被等效成时空的弯曲。

狭义相对论（relativity, special theory）：爱因斯坦 1905 年提出，区别于牛顿时空观的新的平直时空理论，该理论中空间和时间被结合起来，成为四维的时空。狭义相对论预言了牛顿经典物理学所没有的一些新的相对论效应，如时间膨胀、长度收缩、质量增大等。

时空（spacetime）：狭义相对论中由时间和空间共同构成的一个四维连续统。

光谱（spectra）：电磁辐射中按波长（或频率）大小而依次排列的图案，由于原子中的电子只能具有特定能量值，电子从一个能级跃迁到另一个能级时发出的辐射表现出由不连续的波长所表征的谱线。

分光镜（spectroscope）：根据波长来显示电磁辐射的仪器。

光速（c）（speed of light）：按照狭义相对论，对于匀速运动的参考系，光速是恒定值。真空中光速为 30 万千米每秒。

自旋（spin）：某些粒子具有的内禀角动量。

对称性自发破缺（spontaneous symmetry breaking）：某些物理系统向较低能态运动时基本对称性发生破损的情形。例如，液态水是对称的，但冷却而形成冰时，有些方向便就随机地成为晶轴的排列方向，或者说是自发引起了对称性破缺。类似的是，电磁力和弱相互作用力在高能情况下是对称的，而一般情况下则不再具有这种对称性，或不再表现出这种对称性。

标准模型（标准理论）（standard Model (or standard theory)）：本书中指有关夸克和轻子及它们之间的作用力的理论，主要是描述强力、弱力及电磁力这三种基本力及组成所有物质的基本粒子的理论，不包括万有引力。

稳态理论（steady state theory）：一段时期流行的与大爆炸理论不同的宇宙理论。该理论认为，任何空间内有一些星系消失，就会自发地产生新的物质。新物质会聚合在一起而形成新的恒星和星系，后者又会移向远方而消失。如此说来，宇宙的过去、现在和将来基本上处于同一种状态，从结构上说是恒定的，从时间上说是无始无终的。不过目前各种证据都倾向于宇宙大爆炸理论，稳态理论已基本被抛弃。

奇异数（$S$）（strangeness）：描述夸克的一个相加性量子数。

强相互作用力，又称强核力（strong nuclear force）：强子间占有统治地位的作用力，核子结合成原子核就是受到强相互作用力的影响。在范德瓦耳斯力中，人们认为分子中的各个原子结合在一起的力源于电子与原子核之间的静电力的"泄漏"；同样的，人们也认为强相互作用力是夸克之间色力的"泄漏"。

**超新星（supernova）**：质量非常大的恒星发生爆炸性崩解，全部或大部分物质被炸散，内部核心发生坍缩而形成黑洞。

**超弦（superstring）**：有种想法认为，夸克和轻子并不像普遍设想的那样是点状实体，而是由一些极其细微的弦组成的。

**超对称性（supersymmetry）**：书中指传递作用力的中介粒子（一般为自旋为整数的粒子也就是玻色子）和进行交换的粒子（一般为自旋为半整数的粒子也就是费米子）性质其实并没有什么不同，是完全对称的，前者比如胶子和光子、后者比如夸克和轻子，不过这一想法目前并没有实证。

**SU(3) 表示（SU(3) representation）**：基于群论的特征表示法，表示法与强子的分类法等效，能分出由关系非常密切的粒子组成的八重态和十重态，并基于该对称性表示法反映强子的基本夸克结构。

**对称性（symmetry）**：比如圆在转动时不会发生变化，圆就被称为是一种旋转对称的图形。类似的，如果某个物理理论基于某种方式变换保持不变，就说该理论存在某种对称性。

**同步回旋加速器（synchrotron）**：为克服经典回旋加速器的极限能量的限制而发展起来的回旋式加速器，能够同步地调整加速电力和磁场的强度，使之与被加速粒子不断变化的性质相匹配。

**τ 轻子（tau lepton）**：属于第三世代的带电轻子。

**时间膨胀效应（time dilation）**：也表述为动钟变慢，根据爱因斯坦狭义相对论，相对于观察者运动的物体会表现为其时间过程变慢。

顶数（$t$）（top）：表示粒子中顶夸克与反顶夸克数量差异的味量子数，也表述为夸克有多少个带有顶味。

大统一理论（unified theories）：探索把不同的力统一为一种力的理论，如电力、磁力是电磁力的两种不同表现形式，电磁力、弱相互作用力又是电弱力的两种不同表现形式。大统一理论力求把电弱力和强相互作用力统一起来，当然人们还希望达成四种基本作用力的大统一，也就是把万有引力也结合到这个理论中。

价电子（valancy electron）：原子核外电子中被束缚得不太紧的电子，能局部受到邻近原子的原子核的吸引并与其他原子相互作用形成化学键，进而产生把多个原子组成一起成为分子的结合力。

波函数（$\Psi$）（wave function）：量子力学中描述微观系统比如粒子状态的函数，用于基于粒子的基本性质计算特定时间、空间粒子出现的概率。

波长（wave length）：波列中相邻两个波峰或波谷之间的距离。

W 玻色子和 Z 玻色子（W and Z particles）：在强子和轻子之间传递弱力的中介粒子，W 玻色子带有电荷而 Z 玻色子是电中性的。

弱相互作用力（weak force）：自然界基本作用力之一，是放射性衰变等的重要来源，通过 W 玻色子和 Z 玻色子的交换在强子和轻子之间传递。

白矮星（white dwarf star）：又称简并矮星，太阳等恒星结束红巨星阶段后，其外层脱落暴露出白热的内部核心。到一定时候会进一步冷却变成岩石。

**X射线（X-rays）**：一种频率极高、波长极短、能量很大、穿透力较强的电磁波。

**零点能（zero-point energy）**：物理系统所能具有的最低能量，该能量是有限的，不可能为0。比如，原子中的电子在空间中占一个有限的位置，根据海森堡测不准原理，我们无法知道电子动量的精确值，也就意味着无法认定电子的动量（以及相应的动能）精确地等于零。